高等院校应用型化工人才培养系列丛书

有机化学实验操作与设计

谢宗波　乐长高　主编

華東理工大學出版社
EAST CHINA UNIVERSITY OF SCIENCE AND TECHNOLOGY PRESS
·上海·

图书在版编目(CIP)数据

有机化学实验操作与设计/谢宗波，乐长高主编.
—上海:华东理工大学出版社，2014.11(2018.8重印)
(高等院校应用型化工人才培养系列丛书)
ISBN 978-7-5628-3980-4

Ⅰ.①有… Ⅱ.①谢… ②乐… Ⅲ.①有机化学—化学实验—高等学校—教学参考资料 Ⅳ.①O62-33

中国版本图书馆CIP数据核字(2014)第158975号

高等院校应用型化工人才培养系列丛书
有机化学实验操作与设计

主　　编 / 谢宗波　乐长高
策划编辑 / 郭　艳
责任编辑 / 张　萌
责任校对 / 李　晔
封面设计 / 裘幼华
出版发行 / 华东理工大学出版社有限公司
地　址：上海市梅陇路130号，200237
电　话：(021)64250306
传　真：(021)64252707
网　址：www.ecustpress.cn
印　　刷 / 江苏凤凰数码印务有限公司
开　　本 / 787mm×1092mm　1/16
印　　张 / 11
字　　数 / 265千字
版　　次 / 2014年11月第1版
印　　次 / 2018年8月第3次
书　　号 / ISBN 978-7-5628-3980-4
定　　价 / 25.80元

联系我们：电子邮箱 zongbianban@ecustpress.cn
官方微博 e.weibo.com/ecustpress
天猫旗舰店 http://hdlgdxcbs.tmall.com

前　　言

有机化学是一门以实验为基础的学科，学习有机化学必须认真做好有机化学实验。有机化学实验是有机化学教学的重要组成部分，通过实验可全面训练学生的基本操作技能。实验教学可配合课堂教学，验证、巩固和加深课堂讲授的基础知识和基本理论；培养学生观察问题、分析问题和解决问题的能力，以形成实事求是的科学态度、严谨细致的工作作风和良好的实验习惯；通过系统的实践训练同样能培养学生的创新思维和创新能力，为今后的工作、学习或科研打下坚实的基础。

随着科技的进步，有机实验新方法和新技术在不断涌现；随着时代的发展，人才培养目标也处于不断变化之中。为了适应社会发展对化学化工类专业人才培养要求的变化，实验教材应充分体现科学性、先进性、适用性和系统性，应以实践及创新能力的培养为主线，加强基本操作训练，引入新技术、新方法，拓展综合性和设计性实验，推广实验教学的绿色化。

基于此，我们结合多年的有机实验教学经验，并参考了大量文献资料编写了此书。主要内容包括：基础知识、基本操作、有机合成实验、天然产物制备实验及性质实验等，综合性和系统性较强；引入了5个“双语实验”，有利于学生专业英语能力的培养；同时也对“设计性实验”的要点和要求等进行了探讨，供开设设计性实验时参考。本书知识覆盖面较广，层次分明、循序渐进，注重有机化学实验的基础性、实用性和可操作性，可供高等院校化学、化工、材料、生物及相关专业的师生选用。

本书编写过程中，我们参考了大量文献资料，并在参考文献中列出，如有遗漏深表歉意，并敬请谅解；也得到了东华理工大学有机化学教研室全体老师的大力支持和热情指导，以及教务处专项出版资金的支持，在此一并表示感谢。

由于作者水平有限，编写时间仓促，错误和不妥之处敬请批评指正。

编者

2014年8月

目　　录

第1章　有机化学实验的一般知识

化学是一门以实验为基础的学科，而有机化学实验在整个化学实验中占有非常重要的地位，是化学相关专业必修的专业基础课程，重视和学好这门课程十分必要。

1.1　有机化学实验室规则

为了保证有机化学实验正常、有效、安全地进行，保证实验课的教学质量，学生必须遵守有机化学实验室规则。

(1) 应做好实验前的准备工作，包括预习有关实验的内容，查找实验中所需要的试剂与药品的物理常数，查阅相关参考资料，准备好需要的实验器材等。与此同时，写好实验预习报告的学生方可进入实验室，没达到预习要求者，不得进行实验。学生的准备工作做得好，不仅能保证实验顺利进行，而且可以从实验中获得更多的知识。

(2) 进入实验室时，应熟悉实验室的环境，熟悉灭火器材、急救药箱的使用及放置的位置。学生应严格遵守实验室的安全守则，牢记每个实验操作中的安全注意事项，如有意外事故发生应立即报告老师并及时处理。学生进入实验室必须穿着实验服，实验室内严禁饮食和吸烟。

(3) 实验装置组装好后，要经实验指导教师检查合格后，方可进行下一步操作。在操作前，要了解每一步操作的目的和意义，清楚实验中的关键步骤、难点及注意事项，了解所用药品的性质及应注意的事项。

(4) 实验时应保持安静，遵守纪律。要求精神集中、认真操作、细致观察、积极思考、忠实记录；实验过程中不得擅自离开实验室。

(5) 实验中，要遵从教师的指导，严格按照实验指导书所规定的步骤、试剂的规格和用量进行实验；若有变动，必须征得指导教师同意后，方可进行。

(6) 应保持实验室的整洁，暂时不用的器材，不要放在桌面上，以免碰倒损坏。污水、污物、残渣、火柴梗、废纸、塞芯和玻璃碎片等分别放在指定的地点，不得乱丢，更不得丢入水槽，废酸和废碱应分别倒入指定的废液缸中。

(7) 应爱护公共仪器和工具，在指定的地点使用，并保持整洁。要节约用水、电、煤气和药品；仪器损坏应如实填写破损单。

(8) 实验完毕后，应将个人实验台面打扫干净，仪器洗净并放好，拔掉电源开关，关闭水、电和煤气开关；学生的实验结果由指导教师登记，实验产品回收并统一管理；经指导教师检查合格、签字后方可离开实验室；实验课后，学生应按时写出符合要求的实验报告。

(9) 学生要轮流值日，值日生应负责整理好公共器材，打扫实验室，清理废液缸，检查水、电、煤气开关是否关闭，关好门窗。学生离开实验室前，须再请指导教师检查、签字。

1.2 有机化学实验室的安全知识

有机化学实验所用的药品多数是有毒、可燃、有腐蚀性或爆炸性的，所用的仪器大部分又是玻璃制品，所以在有机实验室中工作，若是粗心大意，就易发生如割伤、烧伤乃至火灾、中毒、爆炸等事故。因此，必须认识到化学实验室是潜在危险的场所。实验时，一定要重视安全问题，思想上提高警惕，严格遵守操作规程，加强安全措施。下面介绍实验室的安全守则和实验室事故的预防、处理和急救等内容。

1.2.1 实验室安全守则

(1) 实验开始前，应检查仪器是否完好无损，装置是否正确稳妥，在征求指导教师同意后，方可进行实验。

(2) 实验进行时，学生不得离开岗位，要时常关注反应进行的情况和装置有无漏气、破裂等现象。

(3) 当进行有潜在危险的实验时，学生要根据实验情况采取必要的安全措施，如戴防护眼镜、面罩、橡胶手套等。

(4) 在使用易燃、易爆药品时，应远离火源；实验试剂不得入口；严禁在实验室内吸烟、饮食；实验结束后要认真洗手。

(5) 学生应熟悉安全用具，如灭火器材、沙箱、石棉布、急救药箱等的放置地点和使用方法，并妥善保管；安全用具和急救药品不准移作它用。

1.2.2 实验室事故的预防

1.2.2.1 火灾的预防

实验室中使用的有机溶剂大多数是易燃的，着火是有机实验室常见的事故之一，应尽可能避免使用明火。防火的基本措施如下。

(1) 在操作易燃溶剂时要特别注意：①应远离火源；②勿将易燃、易挥发液体放在敞口容器中，如在烧杯中不能直接用火加热易燃、易挥发液体；③加热必须在水浴中进行，切勿使容器密闭，否则会发生爆炸；④当附近有暴露放置的易燃溶剂时，切勿点火。

(2) 在进行易燃物质实验时，应先将酒精等易燃的物质搬开。

(3) 蒸馏易燃的有机物时，装置不能漏气，若发现漏气，应立即停止加热，并检查原因。接收瓶应用窄口容器，如三角瓶等；蒸馏装置接收瓶的尾气出口应远离火源，最好用橡皮管引到下水道或室外。

(4) 回流或蒸馏低沸点易燃液体时应注意：①应放入数粒沸石、素烧瓷片或一端封口的毛细管，以防止暴沸。如在反应后才发觉未放入沸石时，绝不能立即揭开瓶塞补放，而应该先停止加热，待被回流或蒸馏的液体冷却后才能加入，否则会因暴沸而发生事故。②严禁直接用明火加热。③瓶内液体量最多只能装至容积的2/3。④加热速度宜慢，避免局部过热。总之，回流或蒸馏低沸点易燃液体时，一定要谨慎。

(5) 油浴加热时，必须注意由于冷凝用水溅入热油浴中致使油溅到火源上而引起火灾。通常发生危险的主要原因是橡皮管在冷凝管上套得不牢、开动水阀过快、水流过猛而把橡皮管冲掉，或者由于套不紧而漏水。所以，要求橡皮管要套紧，开动水阀时要慢，使水流慢慢通入冷凝管中。

(6) 当处理大量易燃性液体时，应在通风橱或指定地方进行，室内应无火源。

(7) 不得把燃烧的或带有火星的火柴梗、纸条等乱抛乱掷，更不得丢入废液缸中，否则会发生危险。

(8) 实验室不得大量存放易燃、易挥发性物质。

(9) 使用煤气的实验室，应经常检查管道和阀门是否漏气。

1.2.2.2　爆炸的预防

有机化学实验中预防爆炸的一般措施如下。

(1) 蒸馏装置必须正确。常压蒸馏不能造成密闭体系，应使装置与大气相连通。减压蒸馏时，要用圆底烧瓶作为接收器，不能用三角烧瓶、平底烧瓶等不耐压容器作为接收器，否则易发生爆炸。

(2) 无论是常压蒸馏还是减压蒸馏，均不能将液体蒸干，以免局部过热或产生过氧化物而发生爆炸。

(3) 切勿使易燃易爆的物质接近火源；有机溶剂，如乙醚和汽油的蒸气与空气相混合时极为危险，可能会因为一个热的表面或者一个火花、电花而引起爆炸。

(4) 使用乙醚时，必须检查有无过氧化物的存在，如果有过氧化物存在，应立即用硫酸亚铁除去过氧化物，才能使用。

(5) 易爆炸的物质，如重金属炔化物、苦味酸金属盐、三硝基甲苯等都不能受重压或撞击，以免引起爆炸；对于这些危险的残渣，必须小心销毁。例如，重金属炔化物可用浓盐酸或浓硝酸使其分解，重氮化合物可加水煮沸使其分解等。

(6) 卤代烷切勿与金属钠接触，因为两种物质接触后会发生剧烈反应而产生爆炸。

1.2.2.3　中毒的预防

(1) 剧毒药品要妥善保管，不许乱放，实验中所用的剧毒药品应有专人负责管理，并向使用剧毒药品者提出必须遵守的操作规程。实验后对有毒残渣必须进行妥善而有效的处理，不准乱丢。

(2) 有些剧毒药品会渗入皮肤，因此接触这些药品时必须戴橡胶手套，操作后立即洗手，切勿让剧毒药品直接接触五官或伤口。例如，氰化钠直接接触伤口后就会随血液循环至全身，严重者会造成中毒甚至死亡事故。

(3) 称量药品时应使用工具，不得直接用手接触，尤其是有毒药品；任何药品不得用嘴品尝。

(4) 可能产生有毒或有腐蚀性气体的实验应在通风橱内进行，使用后的器皿应该及时清洗；在使用通风橱时，不要把头部伸入橱内。

(5) 如发生中毒现象，应让中毒者及时离开现场，到通风良好的地方，严重者应及时送医院就医。

(6) 当发现实验室煤气泄漏时，应立即关闭煤气开关，打开窗户，并通知实验室工作人员进行检查和修理。

1.2.2.4　触电的预防

进入实验室后，首先应了解水、电、气开关的位置，并且要掌握它们的使用方法。在实验中，应先将电器设备上的插头与插座连接好，再打开电源开关。使用电器时，应防止人体与电器导电部分直接接触，不能用湿手或用手握湿的物体接触电源插头。为了防止触电，用电设备的金属外壳应接地。

1.2.2.5　玻璃割伤的预防

使用玻璃仪器时最基本的原则是：不得对玻璃仪器的任何部位施加过度的压力。

(1) 需要用玻璃管和塞子连接装置时，用力处不要离塞子太远，尤其是插入温度计时，要特别小心。

(2) 新割断的玻璃管或玻璃棒的断口处特别锋利，使用时要将断口处用火烧至熔化，使其成圆滑状。

1.2.2.6　灼伤的预防

皮肤接触了高温、低温或腐蚀性物质之后均可能被灼伤。为避免灼伤，在接触这些物质时，最好戴上橡胶手套和防护眼镜。

1.2.3　实验室事故的处理和急救

1.2.3.1　火灾的处理和急救

一旦发生火灾，首先应立即切断电源，移走易燃物。然后，根据易燃物的性质和火势采取适当的方法进行扑救；小火可用湿布、石棉布盖灭，火势较大时，应用灭火器扑灭。

有机溶剂在地面或桌面着火时，通常采用隔离空气的方法，用湿布或沙土盖灭扑救，但容器内着火时不易用沙子扑灭。

衣服着火时，切勿惊慌乱跑，应迅速脱下衣服用湿布或石棉布覆盖将火熄灭，如果情况严重时就近在地上打滚(速度不要太快)将火焰扑灭，以免火焰烧向头部。千万不要在实验室内乱跑，以免造成更加严重的后果。

电器着火时，必须先切断电源，然后再用二氧化碳、四氯化碳或干粉等灭火器灭火。切记不能用水去灭火。不管采用哪一种灭火器，都是从火的周围开始向中心扑灭，灭火器出口对准火焰底部。

1.2.3.2　玻璃割伤的处理和急救

玻璃割伤后，要仔细观察伤口有没有玻璃碎片，若有应用消过毒的镊子取出。一般轻伤，应及时挤出污血，用生理盐水洗净伤口，在伤口处涂上碘酒，再用绷带包扎；若受伤严重，流血不止，应立即用绷带扎紧伤口上部，使伤口停止流血，并及时送医院治疗。

1.2.3.3　灼伤时的处理和急救

(1) 酸灼伤

皮肤被酸灼伤，立即用大量水冲洗，然后用5%碳酸氢钠溶液清洗，涂上油膏，并将伤口扎好；酸溅入眼睛，应抹去溅在眼睛外面的酸，用水冲洗，再用洗眼杯清洗，或将橡皮管套在水龙头上，用水对准眼睛冲洗后，立即到医院就诊，或者再用稀碳酸氢钠溶液洗涤，最后滴入少许蓖麻油。酸洒在衣服上，应依次用水、稀氨水和水冲洗；酸洒在地板上，先撒上石灰粉，再用水冲洗。

(2) 碱灼伤

皮肤上，先用水冲洗，然后用饱和硼酸溶液或1%醋酸溶液清洗，再用水冲洗，最后涂上油膏，并包扎好。

眼睛上，抹去溅在眼睛外面的碱，用水冲洗，再用饱和硼酸溶液清洗后，滴入蓖麻油。

衣服上，先用水洗，然后用10%醋酸溶液洗涤，再用氢氧化铵中和多余的醋酸，最后用水冲洗。

(3) 溴灼伤

若溴沾到皮肤上，应立即用水冲洗，涂上甘油，敷上烫伤膏，将伤口处包好。若眼睛受到溴蒸气的刺激，暂时不能睁开时，可对着盛有酒精的瓶口注视片刻。

(4) 热水灼伤

被热水烫伤后一般在患处涂上红花油，然后擦烫伤膏。

上述各种急救方法，仅为暂时减轻疼痛的措施。若伤势较重，在急救之后，应迅速送医院诊治。

1.3　有机化学实验常用玻璃仪器、实验装置及设备

在有机化学实验中经常会用到一些玻璃仪器、实验装置及有关设备，了解实验中所使用的这些玻璃仪器、装置、设备及维护方法十分必要，这也是实验操作最基本的要求。

1.3.1　有机化学实验常用标准磨口玻璃仪器

标准磨口玻璃仪器接口部位的尺寸大小都是统一的，即标准化的，相同编号的磨口可以相互连接，这样可免去配塞子及钻孔等手续，也能避免反应物或产物被软木塞或橡皮塞所污染。标准磨口玻璃仪器口径的大小，通常用数字来表示，该数字是指磨口最大端直径的毫米整数。常用的有10，14，19，24，29，34，40，50等。有时也用两个数字来表示，其中一组数字表示磨口最大端直径的毫米整数，另一组数字表示磨口的长度。例如14/30，表示此磨口最大端直径为14 mm，磨口长度为30 mm。相同编号的磨口、磨塞可以紧密连接。有时两个玻璃仪器，因磨口编号不同无法直接连接时，可借助不同编号的磨口转换接头(或称大小头)[见图1-1(6)]使之连接。

学生做常量实验时一般采用19号磨口玻璃仪器，做半微量实验时一般采用的是14号磨口玻璃仪器。图1-1是有机化学实验常用的标准磨口玻璃仪器。

使用标准磨口玻璃仪器时应该注意以下几点。

(1) 在安装玻璃仪器时要做到横平竖直，磨口连接处不应受歪斜的应力，否则仪器容易折断，特别是在加热时，仪器受热，应力更大。另外，安装玻璃仪器时不可用力过猛，以免仪器破裂。

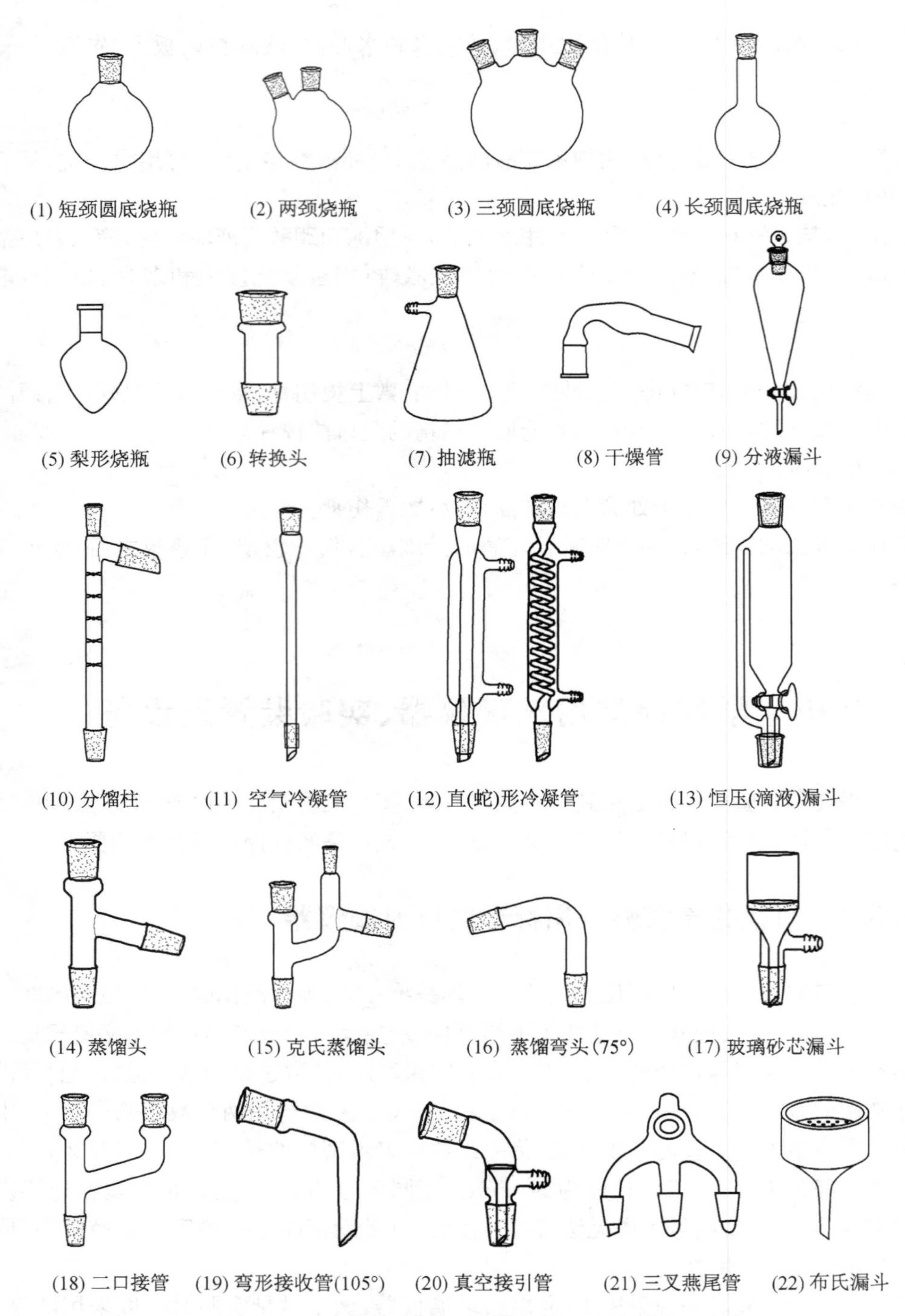

图 1-1　有机化学实验常用标准磨口玻璃仪器

（2）一般情况下，磨口处不必涂润滑剂，以免玷污反应物或产物，但反应中若使用强碱则要涂润滑剂，以免磨口连接处因碱腐蚀而黏结在一起，无法拆开。减压蒸馏时，应适当涂抹真空脂，以保证装置的密封性。

（3）磨口玻璃仪器如果黏结在一起，不可用强力拆卸。可用电吹风对着黏结处加热，使其膨胀而脱落，还可用木槌轻轻敲打黏结处使之分离。

(4) 玻璃仪器使用后应及时清洗干净，放置时间太久，磨口连接处容易黏结在一起，很难拆开。

(5) 标准磨口玻璃仪器的磨口处要干净，不得粘有固体物质。清洗时，应避免用去污粉擦洗磨口，否则会使磨口连接不紧密，甚至会损坏磨口。

(6) 带旋塞或具塞仪器(如滴液漏斗)清洗后不用时，应将旋塞与磨口之间用纸片隔开，以免黏结。

1.3.2　实验室常用的玻璃仪器装置

在有机化学实验中，安装好实验反应装置是做好实验的基本保证。反应装置一般根据实验要求进行组装。图 1-1 列出了一些常用的标准磨口玻璃仪器，利用这些基本"配件"可以搭建出常规有机实验中所需要的反应装置。常用的实验反应装置有回流装置、蒸馏装置、分馏装置、气体吸收装置、搅拌装置等。

1.3.2.1　回流装置

图 1-2 是一组常见的回流冷凝装置。在室温下，有些反应速率很慢或难以进行，为了使反应尽快进行，通常需要使反应物长时间保持沸腾状态。在这种情况下，就需要使用回流冷凝装置，这样，蒸气就能不断地在冷凝管内冷凝而返回到反应器中，以防止反应瓶中物质的挥发。进行实验操作时，将反应物放在圆底烧瓶中，在适当的热源上加热。冷凝管夹套中自下向上通冷凝水，使夹套充满水，水流速度不必太快，可使蒸气充分冷凝即可。加热程度也需控制，使蒸气上升的高度不超过冷凝管的 1/3。当回流温度不太高时(低于 140℃)，通常选用球形冷凝管或直形冷凝管，前者较后者的冷凝效果更好一些。当回流温度较高时(高于 140℃)，应选用空气冷凝管，因为球形或直形冷凝管通水，在高温下容易炸裂。如果反应物怕受潮，可在冷凝管上端配置装有块状无水氯化钙的干燥管来防止空气中湿气侵入[见图 1-2(2)]。如果反应中会放出有害气体(如 HCl、HBr、SO_2 等)，可加接气体吸收装置[见图 1-2(3)]，图 1-2(3)的烧杯中可装一些气体吸收液，如酸液或碱液，以吸收反应过程中产生的碱性或酸性气体。图 1-2(4)为回流时可以同时滴加液体的回流装置。图 1-2(5)为带有分水器的回流装置。图 1-2(6)是可以滴加液体的回流搅拌装置。

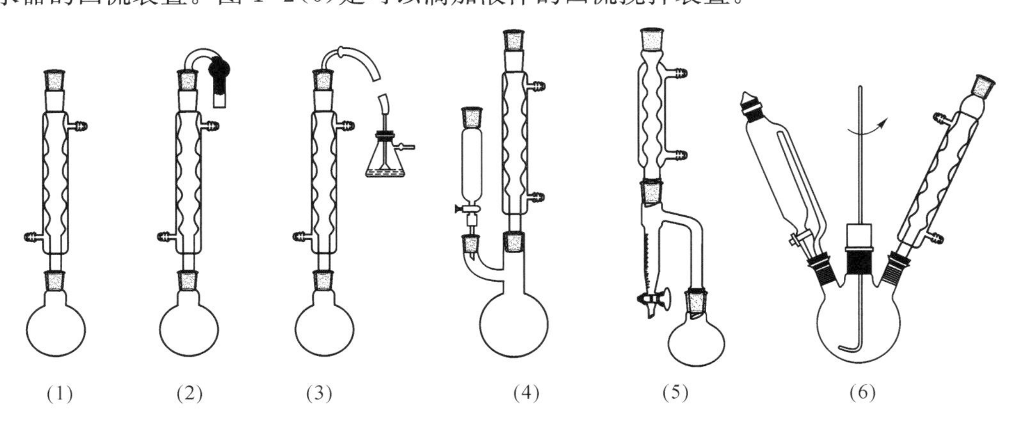

图 1-2　实验室常用的回流装置

加热回流前应先加入沸石,防止液体暴沸。利用电热套加热时,瓶底距离电热套 0.5～1 cm。回流时要注意对温度进行控制,回流速度控制在每秒 1～2 滴或液体蒸气浸润不超过球形冷凝管的第二个球。

1.3.2.2 蒸馏装置

蒸馏是分离两种或两种以上沸点相差较大的液体或除去有机溶剂的常用方法。常用的蒸馏装置见图 1-3。图 1-3(1)是最常用的蒸馏装置,由于这种装置出口处与大气相通,可能会逸出馏出液的蒸气,蒸馏低沸点液体时,需将接液管的支管连上橡皮管,通向水槽或室外。支管口接上干燥管,可用作干燥的蒸馏。

图 1-3(2)是应用空气冷凝管的蒸馏装置,常用于蒸馏沸点在 140℃以上的液体;若使用直形水冷凝管,由于液体蒸气温度较高而会使冷凝管炸裂。图 1-3(3)为蒸馏较大量溶剂的装置,由于液体可自滴液漏斗中不断地加入,既可调节滴入和蒸出的速度,又可避免使用较大的蒸馏瓶,如果在蒸馏时放出有害气体,则需装配气体吸收装置。

如果蒸馏出的产品易受潮分解或是无水产品,可在接液管的支管上连接一含无水氯化钙的干燥管,如图 1-3(4)所示。

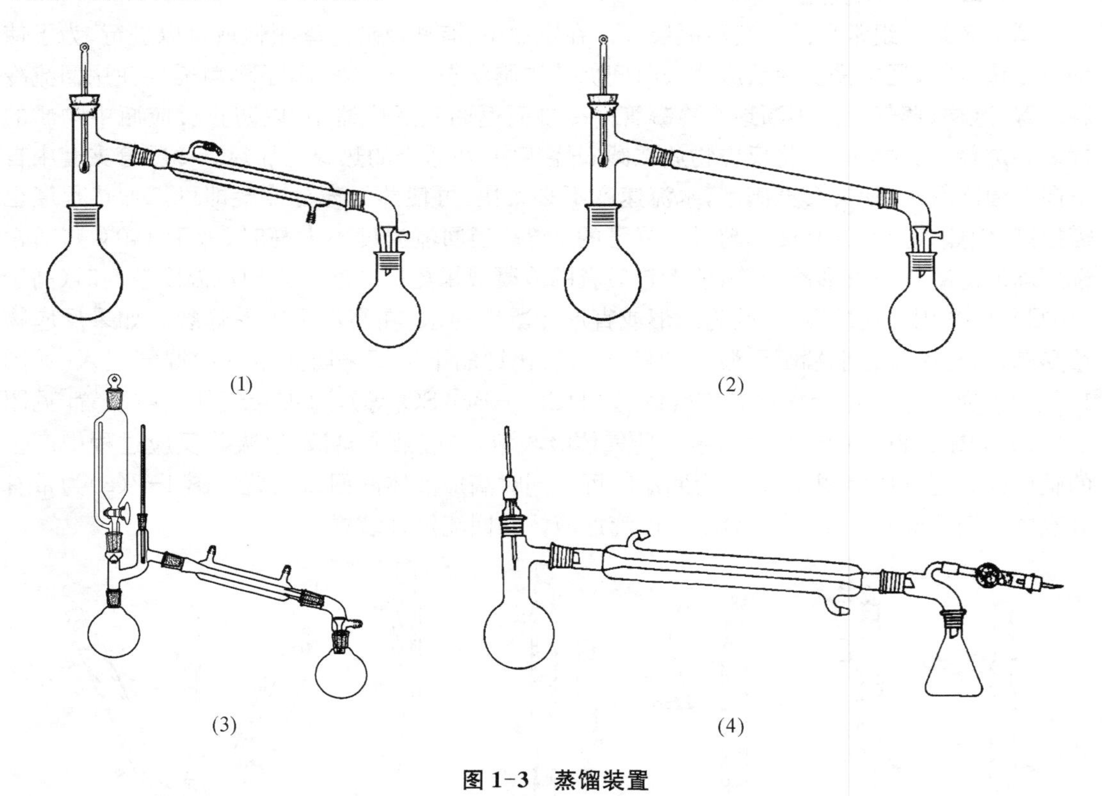

图 1-3 蒸馏装置

1.3.2.3 分馏装置

蒸馏可以分离两种或两种以上沸点相差较大(大于 30℃)的液体混合物,而对于沸点相差较小或沸点接近的液体混合物仅用一次蒸馏很难把它们分开。若想获得良好的分离效果,就要采用分馏的方法。

常见的分馏装置如图1-4所示，与蒸馏装置不同的地方就在于使用了一个分馏柱。实验室常用的分馏柱如图1-5所示，安装和操作都非常方便。图1-5(1)是韦氏(Vigreux)分馏柱，也称刺形分馏柱，分馏效率不高，仅相当于两次普通的蒸馏。图1-5(2)和图1-5(3)为填料分馏柱，内部可装入高效填料来提高分馏效率。

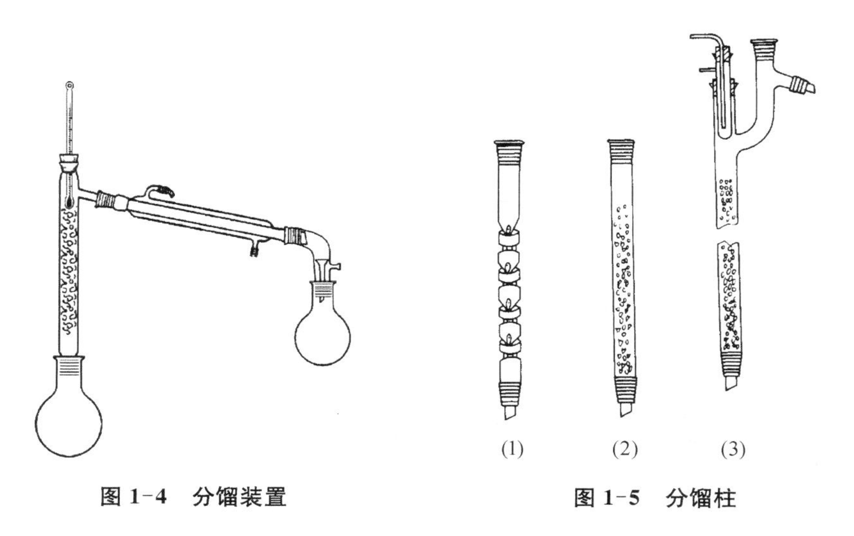

图1-4　分馏装置　　　图1-5　分馏柱

1.3.2.4　气体吸收装置

气体吸收装置如图1-6所示，用于吸收反应过程中生成的有刺激性的水溶性气体，如HCl、SO_2等。其中图1-6(1)和图1-6(2)可用作少量气体的吸收装置。图1-6(1)中的玻璃漏斗应略微倾斜使漏斗口一半在水中，另一半在水面上。这样，既能防止气体逸出，亦可防止水被倒吸至反应瓶中。若反应过程中有大量气体生成或气体逸出很快时，可使用图1-6(3)的装置，水自上端流入(可利用冷凝管流出的水)抽滤瓶中，在恒定的平面上溢出。粗的玻璃管恰好伸入水面，被水封住，以防止气体扩散到大气中。图1-6(3)中的粗玻璃管也可用Y形管代替。

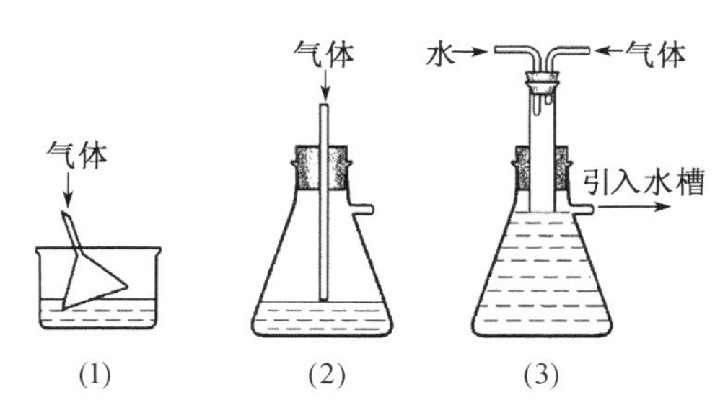

图1-6　气体吸收装置

1.3.2.5　搅拌装置

(1) 搅拌装置

当反应在均相溶液中进行时，一般可以不用搅拌，因为加热时溶液存在一定程度的对流，从而保持液体各部分均匀地受热。

如果是非均相反应，或反应物之一为逐渐滴加时，为了尽可能使反应物迅速均匀地混合，以避免因局部过浓过热而导致其他副反应发生，需进行搅拌操作；有时反应产物是固体，必须搅拌反应才能顺利进行。在许多合成实验中使用搅拌装置不但可以较好地控制反应温度，也能缩短反应时间和提高产率。

当反应混合物固体量少且反应混合物不是很黏稠时，可采用电磁搅拌，图1-7(1)是电磁搅拌回流同时滴加液体的反应装置，可使用磁力搅拌电热套进行搅拌并加热。

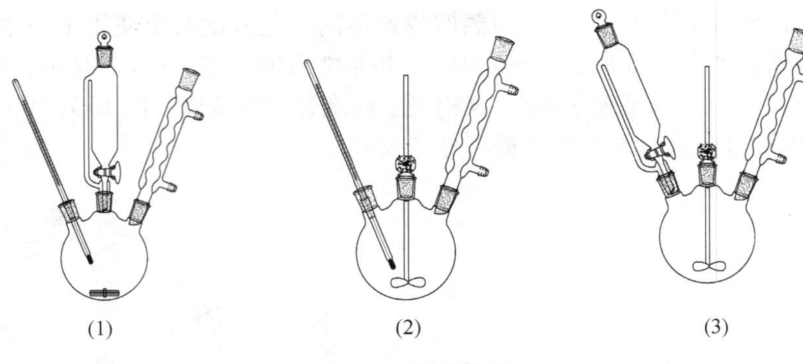

图 1-7　搅拌装置

当反应混合物固体量大或反应混合物较黏稠，利用电磁搅拌不能获得理想的搅拌效果时，可采用电动机械搅拌。电动机械搅拌是利用电机带动各种型号的搅拌棒进行搅拌。图 1-7(2)和图 1-7(3)是适合不同需要的两种机械搅拌装置。在装配机械搅拌装置时，可采用简单的橡皮管密封或液封管密封，如图 1-8 所示。

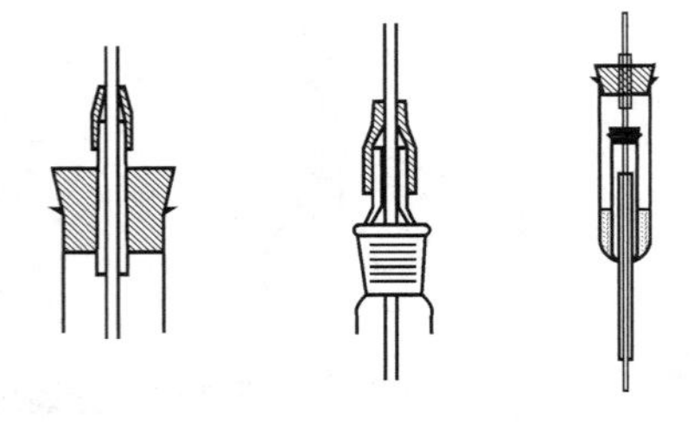

图 1-8　常用密封装置

鉴于有机化学实验的实际情况，所使用的搅拌棒通常需要耐酸碱、腐蚀和高温，一般采用玻璃或包覆聚四氟乙烯的不锈钢等材料制成。

搅拌机的轴头与搅拌棒之间可通过两节真空橡皮管和一段玻璃棒连接，这样搅拌棒不易磨损或折断，如图 1-9 所示。

(2) 搅拌棒

搅拌所用的搅拌棒通常由玻璃棒制成，样式很多，常用的如图 1-10 所示。其中，图 1-10(1)和图 1-10(2)两种很容易用玻璃棒弯制。图 1-10(3)和图 1-10(4)较难制，其优点是可以伸入狭颈的瓶中，且搅拌效果较好。图 1-10(5)为筒形搅拌棒，适用于两相不混溶的体系，其优点是搅拌平稳，搅拌效果好。

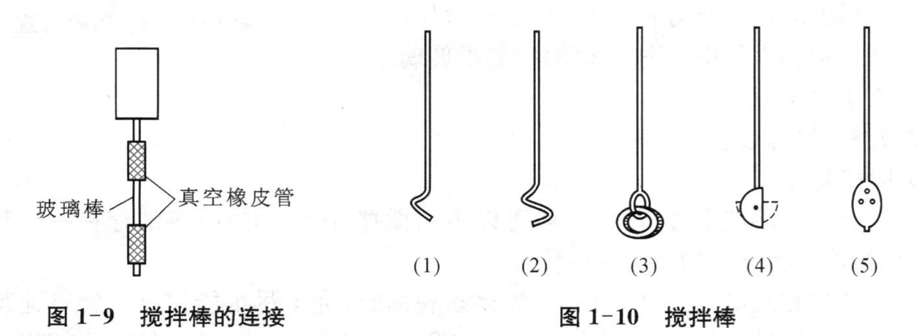

图 1-9　搅拌棒的连接　　　　图 1-10　搅拌棒

1.3.2.6　常用玻璃仪器的洗涤和保养

(1) 玻璃仪器的洗涤

在进行实验时，为了避免杂质的混入，必须使用清洁的玻璃仪器，实验用过的玻璃仪器应立即洗涤。

洗刷仪器的一般方法是用水、洗衣粉或去污粉刷洗，刷子是特制的，如瓶刷、烧杯刷、冷凝刷等；但用腐蚀性洗液时不用刷子。洗刷后，要用清水把仪器冲洗干净。应该注意，洗刷时不能用秃顶的毛刷，也不能用力过猛，否则会戳破仪器。若难以洗净时，则可根据污垢的性质使用适当的洗液进行洗涤；酸性（或碱性）污垢用碱性（或酸性）洗液洗涤；有机污垢用碱液或有机溶剂洗涤。下面介绍几种常见洗液。

① 铬酸洗液

焦油状物质和炭化残渣，常用铬酸洗液洗涤。这种洗液氧化性很强，对有机污垢破坏力很大。

铬酸洗液的配制方法：在 250 mL 烧杯内，将 5 g 重铬酸钠溶于 5 mL 水中，然后在搅拌下慢慢加入 100 mL 浓硫酸。在加浓硫酸过程中，混合液的温度将升高到 70～80℃，待混合液冷却到 40℃左右时，把其倒入干燥的细口磨口试剂瓶中保存备用。

② 盐酸

用盐酸可以洗去附着在器壁上的二氧化锰、碳酸盐等污垢。

③ 碱液

将氢氧化钠溶于适量的乙醇水溶液中即可，可用于洗涤油脂和多种有机物，如有机酸等，新配制的碱液腐蚀性较强。

④ 有机溶剂洗涤液

当胶状或焦油状的有机污垢用上述方法不能洗去时，可选用丙酮、乙醚或苯浸泡，浸泡时容器要加盖以免溶剂挥发。

玻璃仪器是否清洁的标志是：加水倒置，水顺着器壁流下，内壁被水均匀润湿，有一层既薄又均匀的水膜，不挂水珠。

(2) 玻璃仪器的干燥

在有机化学实验中，经常需要使用干燥的玻璃仪器，因此在玻璃仪器清洗干净后，还应进行干燥。玻璃仪器的干燥与否，有时甚至是实验成败的关键。一般将洗净的玻璃仪器倒置一段时间后，若没有水迹，即可使用。但有些实验严格要求无水，这时可将已晾干的玻璃仪器进一步干燥。干燥玻璃仪器的常用的方法有下列几种。

① 自然风干

自然风干是指把已洗净的玻璃仪器在干燥架上自然晾干，这是常用的简单的方法。

② 在烘箱中烘干

一般把玻璃仪器放入鼓风干燥箱中，100～120℃烘 0.5 h 即可。

③ 用气流烘干器吹干

玻璃仪器洗涤后若急用，可利用气流烘干器吹干。

④ 用有机溶剂干燥

体积小的玻璃仪器，洗涤后急需干燥使用时，可采用此方法。首先将玻璃仪器中的水尽量甩干，加入少量乙醇洗涤一次，再用少量丙酮洗涤，倾倒出溶剂后用压缩空气或电吹风把玻璃仪器吹干。先用冷风吹 1～2 min，待大部分溶剂挥发后，再吹入热风至完全干燥为止，最后吹入冷风使玻璃仪器逐渐冷却。

(3) 常用玻璃仪器的保养和维护

有机化学实验中各种玻璃仪器的性能是不同的，必须掌握它们的性质，采用正确的保养和维护方法，避免不必要的损失。下面介绍几种常用的玻璃仪器保养方法。

① 温度计

温度计水银球部位的玻璃很薄，容易打破，使用时要特别注意以下几点。第一，不能将温度计当搅拌棒使用；第二，不能测定超过温度计测量范围的温度；第三，不能把温度计长时间放在高温溶剂中，否则会使水银球变形，读数不准；第四，温度计使用后要慢慢冷却，特别在测量高温之后，切不可立即用水冲洗。

② 冷凝管

冷凝管通水后很重，所以安装冷凝管时应将夹子夹在管的中心靠上处，以免翻倒。若内外管都是玻璃制的，则不适用于高温蒸馏。

洗涮冷凝管时要用特制的长毛刷，若用洗涤液或有机溶液洗涤，则用塞子塞住一端。洗涮完毕，应直立放置，使之易干。

③ 分液漏斗

分液漏斗的活塞和盖子都是磨口的，若非原配的就可能不严密，所以使用时不要相互调换活塞和盖子，用后一定要在活塞和盖子的磨砂口间垫上纸片，以免长时间放置后难以打开。

④ 砂芯漏斗

砂芯漏斗使用后应立即用水冲洗，否则难以洗净。滤板不太稠密的漏斗，可用强烈的水流冲洗，如果是较稠密的，则用抽滤的方法洗涤。

1.3.2.7 玻璃仪器的选择

有机化学实验的各种反应装置都是由一件件玻璃仪器组装而成的，实验中要根据要求选择合适的玻璃仪器，选择玻璃仪器的原则如下。

(1) 烧瓶的选择

根据液体的体积而定，一般液体的体积应占容器容量的1/3～1/2，最多不超过2/3。进行水蒸气蒸馏和减压蒸馏时，液体体积不应超过烧瓶容积的1/3。

(2) 冷凝管的选择

一般情况下，回流用球形冷凝管，蒸馏用直形冷凝管；当蒸馏温度超过140℃时，改用空气冷凝管。

(3) 温度计的选择

实验室一般备有100℃、150℃、200℃、300℃的温度计，根据所测温度选用不同量程的温度计，一般选用温度计的量程要高于被测温度10～20℃。此外实验室还应备有低温温度计。

1.3.3 实验室常用的电器设备

实验室有很多电器设备，操作前应熟悉操作规程，使用时应注意安全，并保持这些设备的清洁，不要将药品洒到设备上。

1.3.3.1　电吹风

电吹风主要用于干燥玻璃仪器。要注意防潮、防腐蚀，宜存放在干燥处。

1.3.3.2　红外灯

红外灯的灯泡会产生热量，经常在烘干少量固体试剂或结晶产品时使用，烘干低熔点固体时要注意经常翻动，防止固体熔化，切忌把水溅到热灯泡上，以免引起灯泡炸裂。

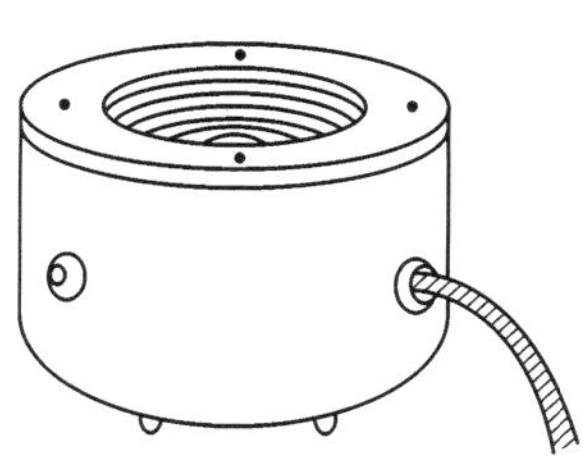

图 1-11　电热套

1.3.3.3　电热套

电热套是常用的间接加热设备，分可调和不可调两种。内套是用玻璃纤维丝与电热丝编织而成的，外壳是金属的，内套和外壳中间填有保温材料，如图 1-11 所示。根据内套的大小分为 50 mL、250 mL、500 mL 等规格，最大的甚至可达3 000 mL。电热套用完后应放在干燥处，否则内套吸潮后会降低绝热性能。

1.3.3.4　恒温水浴锅

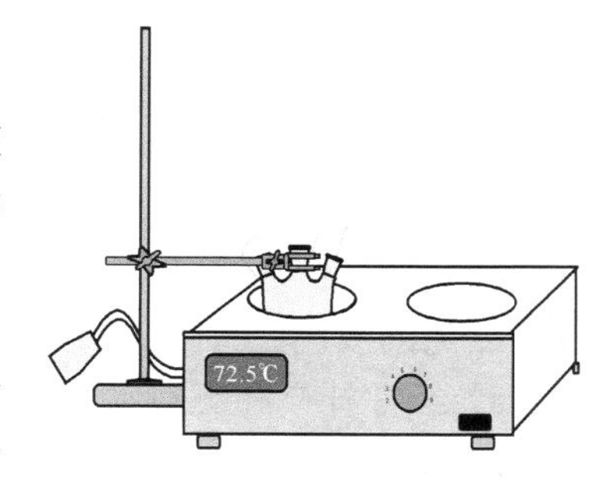

图 1-12　恒温水浴锅

恒温水浴锅，如图 1-12 所示，是目前实验室用的比较好的恒温加热仪器，主要用于蒸馏、干燥、浓缩及温渍化学药品或生物制品，也可用于恒温加热和其他温度试验。当被加热的物体要求受热均匀，而加热温度又不超过 100℃时，通常用水浴加热。水浴锅一般用铜或铝制作，有多个重叠的圆圈，适用于放置不同规格的器皿。水浴加热的条件是加热温度小于 100℃。

注意不要把水浴锅烧干，也不能把水浴锅作沙盘使用。

1.3.3.5　气流烘干器

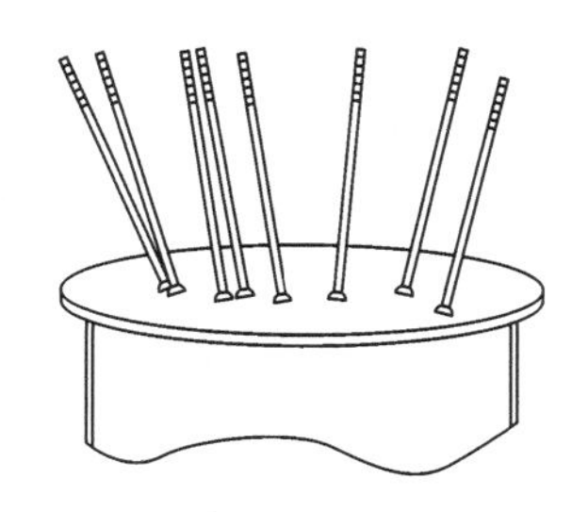

图 1-13　气流烘干器

气流烘干器是一种用于快速烘干玻璃仪器的设备，如图 1-13 所示。将玻璃仪器洗干净后，甩掉多余的水分，然后将其套在烘干器的多孔金属管上使用。可根据需要调节热空气的温度；气流烘干器不宜长时间加热，以免烧坏电机和电热丝。

1.3.3.6　电子天平

电子天平是实验室常用的称量设备，尤其在微量、半微量实验中经常使用，如图 1-14 所示。

电子天平属于精密电子仪器，使用时要注意以下几点。

(1) 电子天平应放在清洁、稳定的环境中，以保证测量的准确性。勿将其放在通风、有磁场或产生磁场的设备附近，勿在温度变化大、有振动或存在腐蚀性气体的环境中使用。

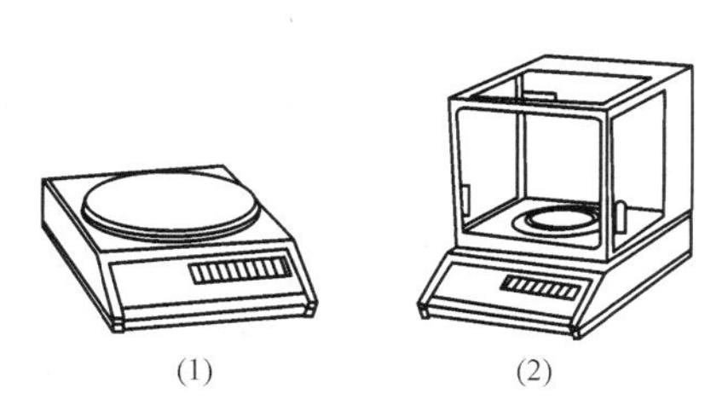

图 1-14　电子天平

(2) 要保持机壳和称量台的清洁，以保证天平的准确性。若有污物可用蘸有中性清洗剂的湿布擦洗，再用一块干燥的软毛巾擦干。

(3) 称量时不要超过天平的最大量程，使用完毕及时关闭电源开关。

1.3.3.7 循环水真空泵

循环水真空泵是以循环水作为流体，利用流体射流产生负压的原理而设计的一种多用真空泵，一般用于对真空度要求不高的减压体系中，可用于蒸发、蒸馏、结晶干燥、过滤、减压、升华等操作中。图 1-15 为循环水真空泵的示意图。使用时应注意以下几点。

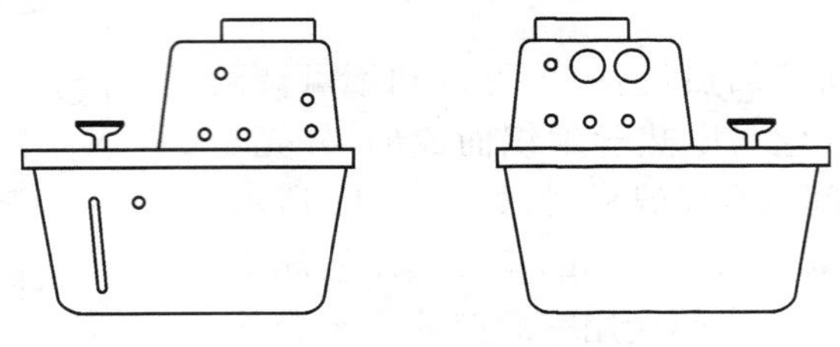

图 1-15 循环水多用真空泵

(1) 反应瓶与真空泵抽气口之间最好接一个缓冲瓶，以免停泵时，水被倒吸入反应瓶中。

(2) 开泵前，应检查是否与体系接好，然后打开缓冲瓶上的旋塞。开泵后，用旋塞调至所需要的真空度。关泵时，先打开缓冲瓶上的旋塞，拆掉与体系的接口，再关泵。切忌相反操作，以免倒吸。

(3) 经常补充和更换水泵中的水，保持水泵的清洁和真空度。

1.3.3.8 旋转蒸发仪

旋转蒸发仪可以用来回收、蒸发有机溶剂。为了快速蒸发较大体积的溶剂，常使用旋转蒸发仪。它由一台电机带动可旋转的蒸发瓶（一般用圆底烧瓶）、高效冷凝管、接收瓶和水浴锅等部件组成，如图 1-16 所示。此装置在常压或减压下使用，可一次进料，也可分批进料。由于蒸发瓶在不断旋转，可免加沸石而不会暴沸。同时，液体附于瓶壁上形成了一层液膜加大了蒸发面积，使蒸发速度加快。

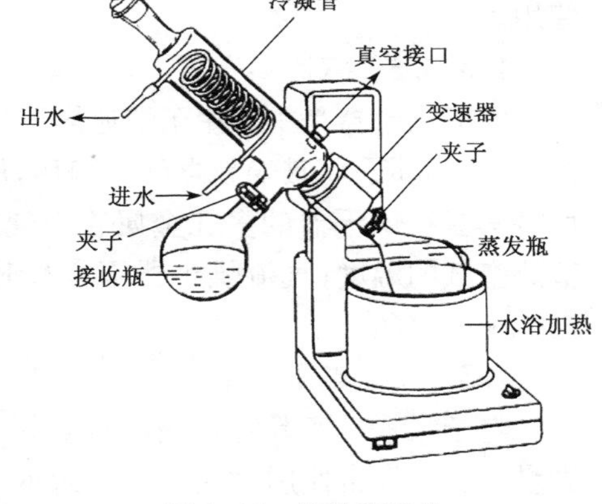

图 1-16 旋转蒸发仪

使用时应注意以下两点。

(1) 减压蒸馏时，由于温度高，真空度低时，瓶内液体可能会暴沸。此时，及时转动插管开关，通入空气降低真空度即可。对于不同的物料，应找到合适的温度与真空度，以平稳地进行蒸馏。

(2) 停止蒸发时，先停止加热，再切断电源，最后停止抽真空。若烧瓶取不下来，可趁热用木槌轻轻敲打，以便取下。

1.3.3.9 烘箱

实验室一般使用带有自动控温系统的电热鼓风干燥箱，使用温度范围为 50～300℃，主要用于干燥玻璃仪器或无腐蚀性、热稳定性好的药品。刚洗好的玻璃仪器，应先将水沥干后再放入烘箱中，带旋塞或具塞的玻璃仪器，应取下塞子后再放入烘箱中。要先放上层，器皿口向上，若器皿口朝下，湿玻璃仪器上的水滴到热玻璃仪器上容易造成炸裂。取出烘干的玻璃仪器时，应用干布垫手，以免烫伤。热玻璃仪器取出后，不要马上接触冷物体，如水、金属用具等。干燥玻璃仪器一般控制温度在 100～110℃。干燥固体有机药品时，一般控制温度比其熔点低 20℃以上，以免熔化。

1.3.3.10　搅拌器

一般用于反应时搅拌液体反应物，搅拌器分为电磁搅拌器和电动机械搅拌器。

（1）电磁搅拌器能在完全密封的装置中进行搅拌，如图 1-17(1)所示它由电机带动磁体旋转，磁体又带动反应器中的磁子旋转，从而达到搅拌的目的。电磁搅拌器一般都带有温度和速度控制旋钮，使用后应将旋钮回零，使用时应注意防潮防腐。

（2）电动机械搅拌器如图 1-17(2)所示，使用时应先将搅拌棒与搅拌器接好，再将搅拌棒用套管或塞子与反应瓶连接固定好，搅拌棒与套管的固定一般用乳胶管，乳胶管的长度不要太长也不要太短，以免由于摩擦而使搅拌棒转动不灵活或密封不严。在开启搅拌器前，应检查搅拌器转动是否灵活，如不灵活应找出摩擦点，进行调整，直至转动灵活。

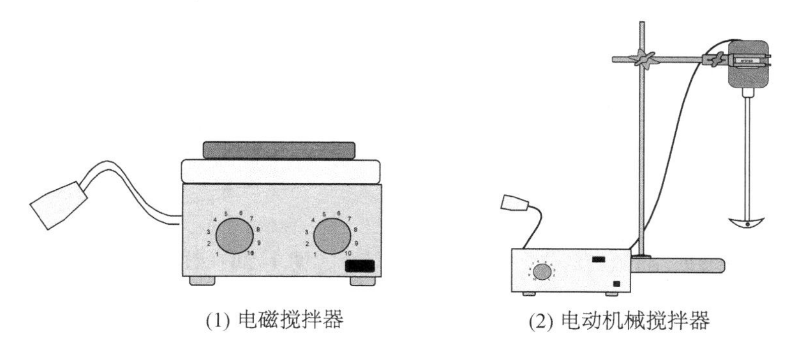

(1) 电磁搅拌器　　(2) 电动机械搅拌器

图 1-17　搅拌器

1.3.3.11　超声波清洗器

超声波清洗器是利用超声波发生器所发出的交频信号，通过换能器转换成交频机械振荡而传播到介质——清洗液中，强力的超声波在清洗液中以疏密相间的形式向被洗物件辐射，产生"空化"现象，即在清洗液中有"气泡"形成，产生破裂现象。"空化"在达到被洗物体表面破裂的瞬间，可产生远超过100 MPa的冲击力，致使物体的面、孔、隙中的污垢被分散、破裂及剥落，达到净化清洁的目的。它主要用于小批量的清洗、脱气、混匀、提取、有机合成、细胞粉碎等方面。图 1-18 为 KQ-500B型超声波清洗器。

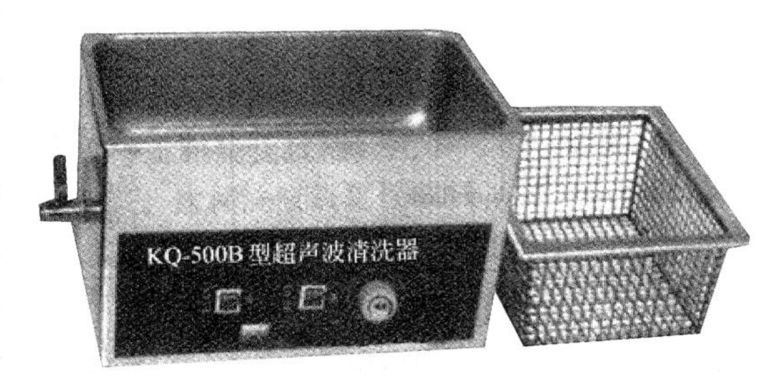

图 1-18　超声波清洗器

1.3.3.12　油泵

油泵是实验室中常用的减压设备，它多用于对真空度要求较高的反应中。其效能取决于泵的结构及油的好坏（油的蒸气压越低越好），好的油泵能抽到 10～100 Pa（1 mmHg 柱以下）以上的真空度。为了保护好油泵，应注意定期换油，当干燥塔中的氢氧化钠、无水氯化钙结块时应及时更换。

1.3.3.13 熔点测定仪

熔点测定仪可分为显微熔点测定仪和数字熔点仪。

显微熔点测定仪可用于单晶或共晶等物质的分析，进行晶体的观察和熔点的测定，观察物质在加热过程中的形变、色变及物质三态转化等物理变化过程，有着广泛的应用。

显微熔点测定仪的种类和型号较多，但基本上都是由显微镜、加热平台、温控装置及温度计等几部分组成的（如图 1-19 所示）。具体的组成和使用可参阅相关的说明书。

数字熔点仪（如图 1-20 所示）采用光电检测、数字温度显示等技术，具有初熔、终熔温度自动显示功能，无需人监视，使用非常简便。除此之外，还可与记录仪配合使用，具有熔化曲线自动记录等功能。

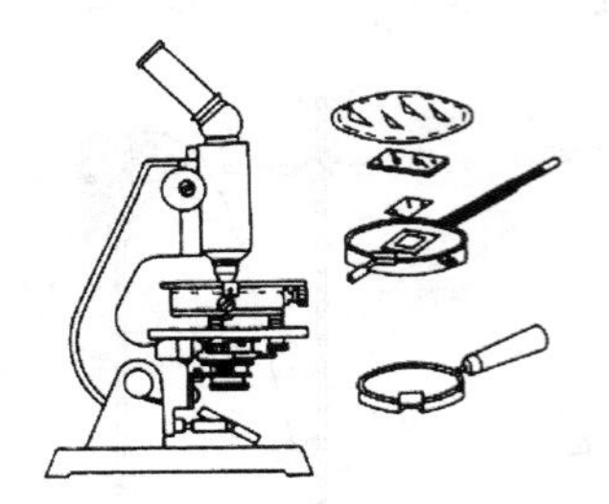

图 1-19 显微熔点仪

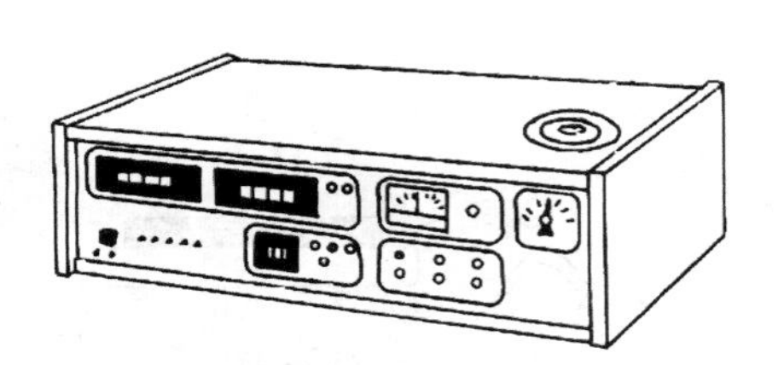

图 1-20 数字熔点仪

1.4 实验预习、实验记录和实验报告的基本要求

有机化学实验是一门综合性较强、理论联系实际的课程，能培养学生独立工作的能力。学生在进行每个实验时，必须做好实验预习、实验记录和实验报告等环节。

学生在开始进行实验前，必须认真地阅读本章 1.1 节、1.2 节、1.3 节的基础知识；必须做到实验前好好预习，实验过程中仔细观察和认真记录，实验后及时总结并提交实验报告。

1.4.1 实验预习

为了使实验能够达到预期的效果、避免事故，每个学生在实验之前必须对所要做的实验进行全面和深入地了解，做好充分的预习和准备。每个学生都必须准备一本实验记录本，不能用活页本或零星纸张代替。

以制备实验为例预习提纲包括以下内容。

（1）实验目的。

（2）实验原理，主要内容为主反应和重要副反应的反应方程式。若没有反应式，请写出简明实验原理。

(3) 主要试剂和产物的物理常数,主要内容为原料、产物和副产物的物理常数、规格及用量;原料用量单位为 g, mL, mol 等。

(4) 实验装置图。

(5) 实验步骤和操作要领,特别注意本实验中关键步骤及可能发生的事故等。

(6) 计算出理论产量。

预习时,应该清楚每一步操作的目的是什么,为什么这样做,要弄清楚本次实验的关键步骤和难点,实验中有哪些安全问题。预习是做好实验的关键,只有预习好,实验时才能做到又快又好。

以溴乙烷的制备为例,实验预习报告格式如下。

实验名称:溴乙烷的制备

学院:____××____ 班级:____××____ 姓名:____××____ 学号:____××____

1. 实验目的

(1) 学习以醇为原料制备一卤代烷的实验原理和方法;

(2) 学习低沸点蒸馏的基本操作;

(3) 巩固分液漏斗的使用方法。

2. 实验原理

主反应:

$$NaBr + H_2SO_4 \longrightarrow HBr + NaHSO_4$$
$$HBr + C_2H_5OH \longrightarrow C_2H_5Br + H_2O$$

副反应:

$$C_2H_5OH \xrightarrow{H_2SO_4} C_2H_5OC_2H_5 + H_2O$$
$$C_2H_5OH \xrightarrow{H_2SO_4} CH_2{=}CH_2 + H_2O$$
$$HBr + H_2SO_4 \longrightarrow Br_2 + SO_2 + H_2O$$

主要药品和产物的物理常数(查手册或辞典)、用量和规格,如表1-1和表1-2所示。

表1-1 主要药品及产物的物理常数

名称	相对分子质量	相对密度 d_4^{20}	熔点/℃	沸点/℃	溶解度/(g/100 g 溶剂)
乙醇	46	0.789 4	−114.3	78.4	水中∞
溴化钠	103	3.203 3	755	1 390	水中 79.5(0℃)
浓硫酸	98	1.834	10.38	340(分解)	水中∞
溴乙烷	109	1.45	−119	38.4	水中 1.06(0℃),醇中∞
$NaHSO_4$	120	2.742	186		水中 50(0℃),100(100℃)
乙醚	74	0.713 8	−116.3	34.6	水中 7.5(20℃),醇中∞
乙烯	28	0.384	−169	−103.7	不溶

表 1-2　主要药品的用量及规格

名称	理论用量	实际用量	过量	理论产量
95%乙醇	0.126 mol	10 mL(8 g，0.165 mol)	31%	
溴化钠	0.126 mol	13 g(0.126 mol)		
浓硫酸(96%)	0.126 mol	18 mL(0.32 mol)	154%	
溴乙烷	0.126 mol			13.7 g

3. 实验装置图

画出实验装置草图，如图 1-21 所示。

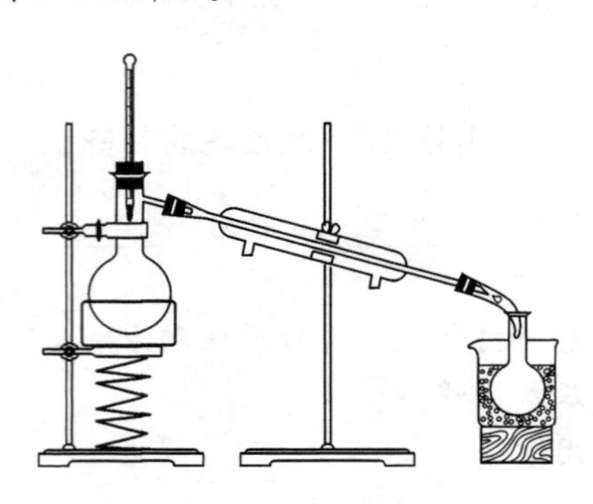

图 1-21　实验装置图

4. 实验步骤

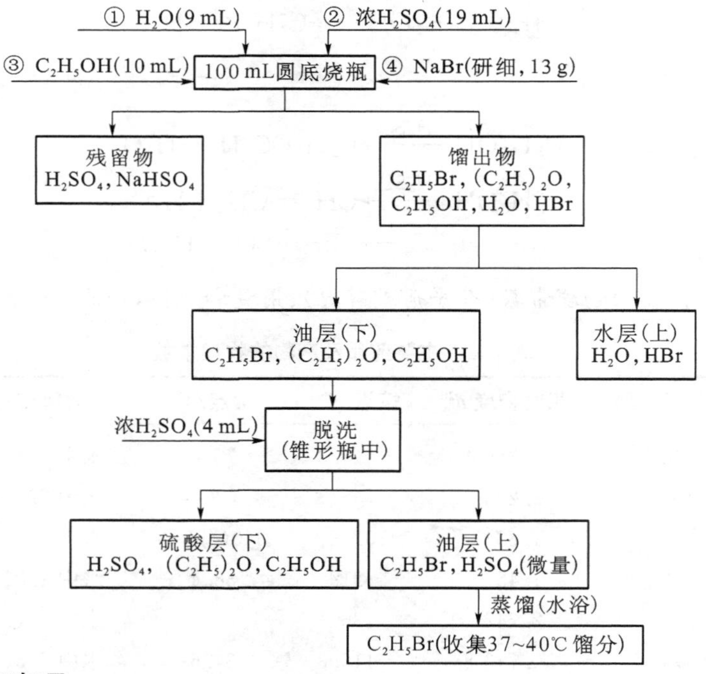

5. 实验注意事项

参见 3.2 溴乙烷的制备

6. 计算出理论产量

0.126 mol 溴化钠能产生 0.126 mol 溴乙烷。即理论产量为 0.126 mol×109 g/mol=13.7 g。

1.4.2 实验记录

实验记录是科学研究的第一手资料，实验记录的好坏直接影响对实验结果的分析，学会做好实验记录也是培养学生科学作风及实事求是精神的一个重要环节。应该牢记，实验记录是原始资料，科学工作者必须重视。

学生在实验过程中应做到认真操作、仔细观察、勤于思索，同时应将观察到的实验现象及测得的各种数据及时并且真实地记录下来。由于是边做实验边记录，时间较仓促，故记录应简明准确，也可用各种符号代替文字叙述。例如用"△"表示加热；"↓"表示沉淀生成；"↑"表示气体放出；"sec."表示"秒"；"T↑，60℃"表示温度上升到 60℃；"+NaOH sol" 表示加入氢氧化钠溶液等。

以溴乙烷的制备为例，实验记录中主要包括：

(1) 每一步操作所观察到的现象，如：是否放热、颜色有无变化、有无气体产生、分层与否、温度、时间等。尤其是与预期相反或与教材、文献资料所述不一致的现象更应如实记载。

(2) 实验中测得的各种数据，如沸点、熔点、比重、折光率、称量数据(重量或体积)等。

(3) 产品的色泽、晶形、状态、气味等。

实验记录要求实事求是，文字简明扼要，字迹整洁。实验结束后交指导老师审阅签字。

1.4.3 实验报告

实验报告是学生完成实验的一个重要步骤，实验完成后应及时写出实验报告。实验报告是对实验记录进行整理、总结，对实验中出现的问题从理论上加以分析和讨论，使感性认识提高到理论认识的必要步骤，也是科学实验中不可缺少的重要环节。实验报告要求按统一格式书写，字迹工整、清晰，表达清楚，文字精练，实事求是，不得抄袭他人实验报告。一份合格的实验报告应包括以下内容。

(1) 实验名称：即实验题目。

(2) 实验目的：简述该实验所要求达到的目的和要求。

(3) 实验原理：简要介绍实验的基本原理，写出主反应方程式及副反应方程式。

(4) 实验仪器和药品：注明所用主要试剂及产物的物理常数，如相对分子质量、相对密度、熔点、沸点和溶解度等。

(5) 实验装置图：画出完整规范的装置图，并注明所用仪器的名称、型号、规格等。

(6) 实验步骤：要求简明扼要地写出实验的操作步骤(并注明实验的注意事项)。

(7) 结果和讨论：

① 描述产物物理特征(如颜色、状态、气味、晶形等)，并根据产量计算出产率。

② 讨论。对实验中遇到的疑难问题提出自己的见解；分析产生误差的原因，对实验方

法、教学方法、实验内容、实验装置等提出意见或建议，包括回答思考题。

以溴乙烷的制备为例，实验报告格式如下。

实验名称：溴乙烷的制备

学院：××　　班级：××　　姓名：××

学号：××　　日期：××年××月××日

1. 实验目的

(1) 学习以醇为原料制备一卤代烷的实验原理和方法；

(2) 学习低沸点蒸馏的基本操作；

(3) 巩固分液漏斗的使用方法。

2. 实验原理

主反应：

$$NaBr + H_2SO_4 \longrightarrow HBr + NaHSO_4$$
$$HBr + C_2H_5OH \longrightarrow C_2H_5Br + H_2O$$

副反应：

$$C_2H_5OH \xrightarrow{H_2SO_4} C_2H_5OC_2H_5 + H_2O$$
$$C_2H_5OH \xrightarrow{H_2SO_4} CH_2{=}CH_2 + H_2O$$
$$HBr + H_2SO_4 \longrightarrow Br_2 + SO_2 + H_2O$$

3. 实验仪器和药品

仪器：100 mL 圆底烧瓶，锥形瓶，直形冷凝管，温度计(100℃)，蒸馏头，75°弯头，接引管，量筒，分液漏斗。

药品：95%乙醇，浓硫酸，溴化钠固体。

主要药品及产物的物理常数如表 1-3 所示。

表 1-3　主要药品及产物的物理常数

名称	相对分子质量	熔点/℃	沸点/℃	相对密度 d_4^{20}	溶解度/(g/100 g 溶剂)
乙醇	46	−114.3	78.4	0.789 4	水中∞
溴化钠	103	755	1 390	3.203 3	水中 79.5(0℃)
浓硫酸	98	10.38	340(分解)	1.384	水中∞
溴乙烷	109	−119	38.4	1.45	水中 1.06(0℃)，醇中∞
$NaHSO_4$	120	186		2.742	水中 50(0℃)，100(100℃)
乙醚	74	−116.3	34.6	0.713	水中 7.5(20℃)，醇中∞
乙烯	28	−169	−103.7	0.384	不溶

4. 实验装置图

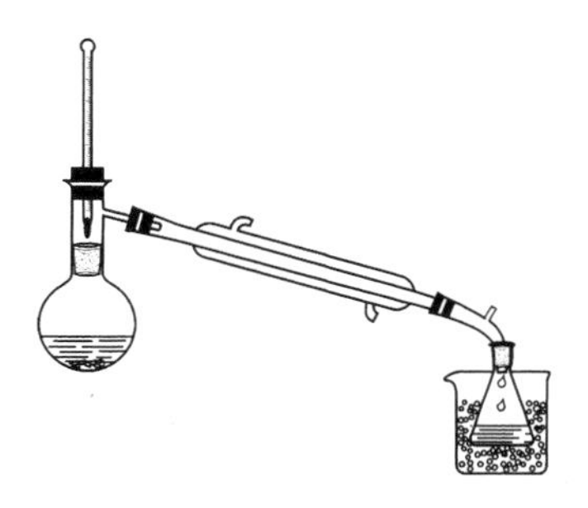

图1-22　溴乙烷的制备装置图

5. 实验步骤

参见3.2溴乙烷的制备。

6. 实验结果和讨论

(1) 产品描述:无色透明液体,有酯香气味,沸程38～39.5℃,产量10 g。

(2) 产率:溴乙烷的理论产量应按适量的溴化钠计算。

0.126 mol溴化钠能产生0.126 mol(即0.126 mol×109 g/mol= 13.7 g)的溴乙烷。

$$产率 = \frac{10}{13.7} \times 100\% = 73\%$$

7. 思考题(分别作答)

(1) 在制备溴乙烷时,反应混合物中如果不加水会有什么结果?

(2) 粗产物中可能有什么杂质,是如何除去的?

(3) 如果你的产率不高,试分析其原因。

1.4.4 转化率和产率的计算

制备实验结束后,要根据基准原料的实际消耗量和初始量计算转化率,根据理论产量和实际产量计算产率。

$$转化率(\%) = \frac{基准原料的实际消耗量}{基准原料的初始量} \times 100\%$$

$$产率(\%) = \frac{实际产量}{理论产量} \times 100\%$$

为了提高转化率和产率,常常增加某一反应物的用量。计算转化率和产率时,以不过量的反应物为基准原料。

基准原料的实际消耗量——指实验中实际消耗的基准原料的质量。

基准原料的初始量——指实验开始时加入的基准原料的质量。

实际产量——指实验中实际得到产品的质量。

理论产量——指按反应方程式,实际消耗的基准原料全部转化成产物的质量。

第2章　有机化学实验的基本操作

2.1　加热、冷却和干燥

2.1.1　加热

一般情况下，升高温度可以使有机化学反应速率加快。通常，反应温度每升高 10℃，反应速率就增加一倍。有机化学实验室常用的热源有煤气灯、酒精灯、电热套、电热板等。加热的方式有直接加热和间接加热。此外，有机化学实验的许多基本操作如回流、蒸馏、溶解、重结晶、熔融等都需要加热。

玻璃仪器一般很少用火焰直接加热，因为剧烈的温度变化和受热不均匀会造成玻璃仪器的损坏。同时，由于局部过热，还可能引起有机化合物的部分分解，甚至可能发生爆炸事故。

为了避免直接加热可能带来的问题，保证加热均匀，实验室中常根据具体情况应用下列热浴进行间接加热(热浴的液面应略高于容器中的液面高度)。

2.1.1.1　水浴

当反应所需加热温度在 80℃以下时，可将反应容器浸入水浴锅中，使水浴的温度达到所需温度来加热。水浴加热较均匀，温度易控制，适合于低沸点的物质加热和回流。加热时水浴的液面应稍高出反应容器内的液面；还应注意的是，勿使容器触及水浴锅的底部。当加热少量的低沸点物质时，也可用烧杯置于电热套中加热来代替水浴锅。水浴锅的盖子是由一组直径递减的同心圆环组成的，可适用于不同大小的容器，还可以有效地减少水分的蒸发。

如果加热温度稍高于 100℃，也可选用适当无机盐类的饱和水溶液作为热溶液。

常见无机盐类饱和水溶液的沸点如表 2-1 所示。

表 2-1　常见的无机盐类饱和水溶液的沸点

盐类	饱和水溶液的沸点/℃
NaCl	109
$MgSO_4$	108
KNO_3	116
$CaCl_2$	180

2.1.1.2　空气浴

空气浴就是让热源把局部空气加热，空气再把热能传导给反应容器。沸点在80℃以上的液体均可采用空气浴加热。电热套是比较好的空气浴加热装置，能从室温加热到400℃左右。电热套主要用于回流加热，蒸馏则不宜使用，因为在蒸馏过程中随着容器内物质逐渐减少，会使容器壁过热。安装电热套时，要使反应容器外壁与电热套内壁保持2 cm左右的距离，以防止局部过热。为了便于控制温度，可选择调压电热套。

2.1.1.3　油浴

当加热温度在100～250℃时，用油浴较合适。油浴加热的优点是反应物受热均匀，而油浴所能达到的最高温度取决于所用油的种类；一般情况下，反应物的温度低于油浴液温度20℃左右。常用的油浴有：甘油、石蜡、石蜡油（液体石蜡）、植物油和硅油。

(1) 甘油：可以加热到140～150℃，温度过高则会分解。

(2) 石蜡：可以加热到200℃左右，冷却到室温时凝成固体，保存方便。

(3) 石蜡油：可以加热到200℃左右，温度再高时并不分解，但较易燃烧。

(4) 植物油：常用的有菜籽油、蓖麻油和大豆油等，可以加热到220℃，常加入1%的对苯二酚等抗氧化剂，便于长期使用。当温度过高时会分解，达到闪点时可能会燃烧，所以，使用时要小心。

(5) 硅油：在250℃时仍较稳定，透明度好，只是价格昂贵，一般实验室中较少使用。

在用油浴加热时，油量不能过多，否则受热后容易溢出而引起火灾。油浴中应放置温度计（温度计不要碰到油浴锅底），以便随时观察和调节温度。此外，还应注意，不要把水溅入油浴锅内，以免产生泡沫或爆溅。

加热完毕取出反应容器时，仍用铁夹夹住反应容器使其离开液面悬置片刻，待容器壁上附着的油滴完后，用纸或干布擦干后再取下。

空气浴及油浴加热回流装置如图2-1所示。

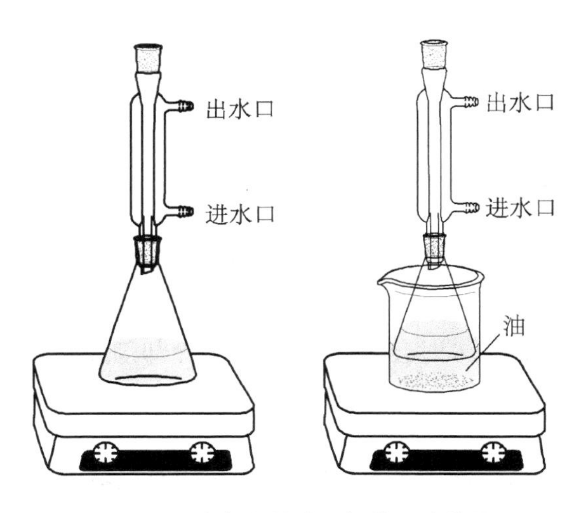

图2-1　空气浴及油浴加热回流装置

2.1.1.4 沙浴

当加热温度在250～350℃时应采用沙浴。通常将清洁且干燥的细沙装在铁盘中，把反应容器半埋在沙中，加热铁盘。保证容器底部留有一层沙层，以防局部过热。由于沙浴温度分布不均匀，且传热慢，温度上升慢，散热又太快，所以使用范围有限。

2.1.1.5 其他加热方法

除了以上介绍的几种常用的加热方法外，还可用熔盐浴、金属浴(合金浴)等加热方法，应根据实验需要和实验条件进行选择使用。

2.1.2 冷却

根据一些实验对低温的要求，在操作中需使用冷却剂，进行冷却操作。

2.1.2.1 冷却方法

(1) 自然冷却

热的液体可在空气中放置一段时间，使其自然冷却至室温。

(2) 冷风冷却和流水冷却

当实验需要快速冷却时，可将盛有溶液的器皿放在冷水流中冲淋或用鼓风机吹风冷却。

(3) 冷却剂冷却

2.1.2.2 冷却剂的使用条件

以下几种情况下应使用冷却剂。

(1) 某些反应，其中间体在室温下是不稳定的，这时反应就应在特定的低温条件下进行，如重氮化反应，一般在0～5℃下进行。

(2) 反应过程中会放出大量的热，需要降温来控制反应速度。

(3) 为了降低固体物质在溶剂中的溶解度，以加速结晶的析出。

(4) 沸点很低的有机物，冷却可减少损失。

(5) 高度真空蒸馏装置(一般有机实验很少使用)。

2.1.2.3 冷却剂的种类

根据不同的要求，选用适当的冷却剂进行冷却，常用的冷却剂有以下几种。

(1) 水：水价廉且比热容高，是常用的冷却剂。

(2) 冰-水混合物：容易得到的冷却剂，可冷却至0～5℃。冰越碎效果越好，可以与容器壁充分接触。

(3) 冰-盐混合物：即往碎冰中加入食盐或氯化钙等，可冷却至－18～－5℃。

(4) 干冰(固体二氧化碳)：可冷却至－60℃以下。如将干冰加到甲醇或丙酮等适当的溶剂中，可冷却至－78℃，但加入时会起泡，应将这种冷却剂放在杜瓦瓶(广口保温瓶)中或其他绝热效果好的容器中，以保持其冷却效果。

(5) 液氮：可冷却至－196℃。

注意，在低于－38℃时，不能用水银温度计，需使用有机液体低温温度计。

在需要冰浴或冰盐浴冷却时，若无冰，则可利用某些固体盐类溶于水的吸热作用，而达到冷却的效果。表2-2和表2-3为几种常见的盐水(冰)冷却剂。

表 2-2 盐-水冷却剂

盐类	用量/g（每 100 g 水）	温度/℃	
		始温	冷冻
KCl	30	+13.6	+0.6
$CH_3COONa\cdot 3H_2O$	95	+10.7	−4.7
NH_4Cl	30	+13.3	−5.1
$NaNO_3$	75	+13.2	−5.3
NH_4NO_3	60	+13.6	−13.6
$CaCl_2\cdot 6H_2O$	167	+10.0	−15.0

表 2-3 盐-冰冷却剂

盐类	用量/g（每 100 g 冰）	温度/℃	
		始温	冷冻
NH_4Cl	25	−1	−15.4
KCl	30	−1	−11.1
NH_4NO_3	45	−1	−16.7
$NaNO_3$	50	−1	−17.7
NaCl	33	−1	−21.3
$CaCl_2\cdot 6H_2O$	204	0	−19.7

2.1.3 干燥

除去固体、液体或气体中所含的少量水分或有机溶剂的操作过程叫做干燥。许多化学实验必须在无水条件下进行，这就要求所用的原料、溶剂和仪器都要干燥；除此之外，实验过程中还要防止空气中的水汽进入反应器，否则将影响产品的质量和产率。有机化合物在蒸馏前必须进行干燥，以防加热使某些化合物发生水解，或与水形成共沸混合物。测定化合物的物理常数，对化合物进行定性、定量分析，利用色谱、紫外光谱、红外光谱、核磁共振谱、质谱等方法对化合物进行结构分析和测定，都必须使化合物处于完全干燥状态，才能得到正确的结果。

干燥方法分为物理方法和化学方法。

物理方法有自然晾干、烘干、真空干燥、分馏、共沸蒸馏及吸附等。此外，离子交换树脂和分子筛也常用于脱水干燥。离子交换树脂是一种不溶于水、酸、碱和有机物的高分子聚合物，分子筛是一种具有网状晶体结构的硅铝酸盐。因为它们内部都有许多空隙或孔穴，可以吸附水分子，加热后，又可释放出水分子，故可反复使用。

化学方法是用干燥剂来进行脱水。干燥剂按其脱水原理可分为两类：第一类能与水可逆地生成水合物，如氯化钙、硫酸镁、硫酸钠等；第二类则与水反应后生成新的化合物，如金属钠（$Na+H_2O \longrightarrow NaOH+H_2\uparrow$）、五氧化二磷等。实验室应用较广的是第一类干燥剂。

2.1.3.1 液态有机化合物的干燥

(1) 干燥剂的选择

常用干燥剂的种类有很多，选择时必须注意以下几个方面。

① 通常是将干燥剂加入液态有机化合物中，故所用的干燥剂必须不与有机化合物发生化学反应。

② 干燥剂应不溶于液态有机化合物中。

③ 当选用与水结合生成水合物的干燥剂时，必须考虑干燥剂吸水容量及干燥效能。

④ 干燥剂的干燥速度要快，且价格低廉。

吸水容量是指单位质量干燥剂吸水量的多少，干燥效能是指达到平衡时液体被干燥的程度。如无水硫酸钠可形成 $Na_2SO_4 \cdot 10H_2O$，即 1 g Na_2SO_4 最多能吸收 1.27 g 水，其吸水容量为 1.27。但其水合物的蒸气压较大(25℃时为 255.98 Pa)，故干燥效能较差。无水氯化钙能形成 $CaCl_2 \cdot 6H_2O$，吸水容量为 0.97，但其水合物在 25℃时的蒸气压为 39.99 Pa，故无水氯化钙的吸水容量虽然较小，但其干燥效能强。所以在进行干燥操作时，应根据除去水分的具体要求而选择合适的干燥剂。在干燥含水量较大而又不易干燥的化合物(含有亲水性基团)时，常选用吸水量较大的干燥剂除去大部分水分，然后再用干燥效能强的干燥剂进行干燥。

(2) 干燥剂的用量

掌握好干燥剂用量是很重要的，若用量不足，则达不到干燥的目的；若用量太多，则会由于干燥剂的吸附作用而造成样品的损失。

通常可以在"溶解度手册"中查出水在液体有机化合物中的溶解度，并根据液体有机化合物的结构、干燥剂的吸水量和干燥剂效能来估算出干燥剂的用量。但是，干燥剂的实际用量往往大大超过计算量。以乙醚为例，在室温时水在乙醚中的溶解度为 1%～1.5%，若用无水氯化钙来干燥 100 mL 含水的乙醚时，全部转变成 $CaCl_2 \cdot 6H_2O$，其吸水容量为 0.97，也就是说 1 g 无水氯化钙大约可吸收 0.97 g 水，这样无水氯化钙的理论用量为 1 g，而实际用量远远超过 1 g；这是因为醚层的水分不可能完全去除，感觉到有悬浮的微细水滴；其次，形成高水合物的时间很长，往往不可能达到应有的吸水容量，因而实际投入的无水氯化钙是大大过量的，通常需用 7～10 g。

实际操作时，一般先投入少量干燥剂到液体有机化合物中，进行振摇，如出现干燥剂附着器壁，相互黏结，摇动不易旋转时，则说明了干燥剂用量不足，应再添加干燥剂。如投入干燥剂后出现水相，必须用吸管把水吸出，然后再添加新的干燥剂，直到新加的干燥剂不结块、不粘壁，干燥剂棱角分明，摇动时旋转并悬浮，则表明所加干燥剂用量合适。

干燥前液体呈混浊状，干燥后变澄清，这可简单地作为水分被基本除去的标志。

一般干燥剂用量为每 10 mL 液体约 0.5～1 g。由于液体含水量不等，干燥剂质量有差异，干燥剂的颗粒大小和干燥时的温度不同等原因，所以较难规定干燥剂的具体用量，上述数据仅供参考。

(3) 常用干燥剂的种类

① 无水氯化钙价廉、吸水能力强，是最常用的干燥剂之一，与水化合可生成一、二、四或六水化合物(在 30℃以下)。它只适用于烃类、卤代烃、醚类等有机物的干燥，不适用于醇、胺和某些醛、酮、酯等有机物的干燥，因为能与它们形成配合物；也不宜用作酸(或酸性液体)

的干燥剂。

② 无水硫酸镁是中性盐，不与有机物和酸性物质起作用，可作为各类有机物的干燥剂，它与水可生成 $MgSO_4 \cdot 7H_2O$（48℃以下）。价格较低，吸水量大，故无水硫酸镁可用于干燥不能用无水氯化钙来干燥的许多化合物。

③ 无水硫酸钠的用途和无水硫酸镁相似，价廉，但吸水能力和吸水速度都差一些。与水结合生成 $Na_2SO_4 \cdot 10H_2O$（37℃以下），吸水量较大，所以当有机物水分较多时，常先用无水硫酸钠处理后再用其他干燥剂进行处理。

④ 无水碳酸钾，吸水能力一般，与水生成 $2K_2CO_3 \cdot H_2O$，作用慢，可用于干燥醇、酯、酮、腈等中性有机物和生物碱等一般的有机碱性物质；但不适用于干燥酸、酚或其他酸性物质。

⑤ 金属钠，醚、烷烃等有机物用无水氯化钙或硫酸镁等处理后，若仍含有微量的水分，可加入金属钠（切成薄片或压成丝）除去。不宜用作醇、酯、酸、卤代烃、醛、酮及某些胺等能与碱起反应或易被还原的有机物的干燥剂。

现将各类有机物的常用干燥剂列表如下。

表 2-4　常用干燥剂的性能与应用范围

干燥剂	吸水作用	酸碱性	效能	干燥速度	应用范围
氯化钙	$CaCl_2 \cdot nH_2O$ $n=1, 2, 4, 6$	中性	中等	较快，但吸水后表面为薄层液体所覆盖，应放置较长时间	能与醇、酚胺、酰胺及某些醛、酮、酯形成配合物，因而不能用于干燥这些化合物
硫酸镁	$MgSO_4 \cdot nH_2O$ $n=1, 2, 4, 5, 6, 7$	中性	较弱	较快	应用范围广，可代替 $CaCl_2$，并可用于干燥酯、醛、酮、腈、酰胺等不能用 $CaCl_2$ 干燥的化合物
硫酸钠	$Na_2SO_4 \cdot 10H_2O$	中性	弱	缓慢	一般用于有机液体的初步干燥
硫酸钙	$2CaSO_4 \cdot H_2O$	中性	强	快	中性，常与硫酸镁（钠）配合，作最后干燥之用
碳酸钾	$2K_2CO_3 \cdot H_2O$	弱碱性	较弱	慢	干燥醇、酮、胺及杂环等碱性化合物；不适于酸、酚及其他酸性化合物的干燥
氢氧化钾（钠）	溶于水	强碱性	中等	快	用于干燥胺、杂环等碱性化合物；不能用于干燥醇、醛、酮、酸、酚等
金属钠	$Na+H_2O \longrightarrow NaOH+H_2\uparrow$	碱性	强	快	限于干燥醚、烷烃类中的痕量水分，用时切成薄片或压成钠丝
氧化钙	$CaO+H_2O \longrightarrow Ca(OH)_2$	碱性	强	较快	适用于干燥低级醇类
五氧化二磷	$P_2O_5+H_2O \longrightarrow H_3PO_4$	酸性	强	快，但吸水后表面为黏浆液覆盖，操作不便	适用于干燥醚、烃、卤代烃、腈类等化合物中的痕量水分；不适用于干燥醇、酸、胺、酮等
分子筛	物理吸附	中性	强	快	适用于干燥各类有机化合物

(4) 液态有机化合物的干燥操作

加入干燥剂前必须尽可能将待干燥液体中的水分分离干净,不应有任何可见的水层及悬浮的水珠,并置于干燥的锥形瓶中。干燥剂需研磨成大小合适的颗粒,用量不能太多,否则会吸附液体,引起更大的损失。将干燥剂分批少量加入,每次加入后需不断振摇观察一段时间,如此操作直到液体由混浊变澄清,干燥剂也不黏附于瓶壁,振摇时可自由移动,说明水分已基本被除去;此时再加入过量 10%~20%的干燥剂,盖上瓶盖静置即可。静置干燥时间应根据液体量及含水情况而定,一般约需 0.5 h。

干燥时如出现下列情况,要进行相应处理。

① 干燥剂互相黏结,附着于器壁上,说明干燥剂用量太少,干燥不充分,需补加干燥剂。

② 容器下面出现白色混浊层,说明有机液体含水太多,干燥剂已大量溶于水;此时需将水层分出后再加入新的干燥剂。

③ 黏稠液体的干燥应先用溶剂稀释后再加干燥剂。

④ 未知物溶液常用中性干燥剂干燥,如硫酸钠或硫酸镁等。

2.1.3.2 固体的干燥

固体有机化合物的干燥,主要是为了除去残留在固体中的少量低沸点溶剂,如水、乙醚、乙醇、丙酮、苯等。由于通过重结晶得到的固体常带有水分或有机溶剂,所以应根据化合物的性质选择适当的方法进行干燥。常用的干燥方法如下。

(1) 自然晾干:这是最简便、最经济的干燥方法。把要干燥的化合物先在滤纸上薄薄地摊开,用另一张滤纸覆盖起来,在空气中慢慢地晾干。

(2) 加热干燥:对于受热稳定的固体可以放在烘箱内烘干,加热的温度切忌超过该固体的熔点,以免固体熔化或分解,如有需要可在真空恒温干燥箱中干燥。

(3) 红外线干燥:特点是穿透性强,干燥速度快。

(4) 干燥器干燥:对易吸潮或在较高温度干燥时会分解或变色的物质,可用干燥器干燥,干燥器有普通干燥器和真空干燥器两种,分别如图 2-2 和图 2-3 所示。

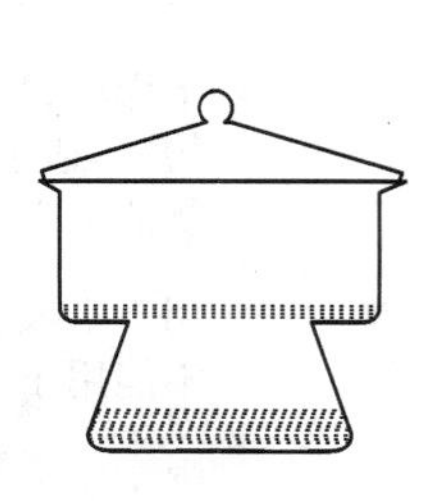

图 2-2 普通干燥器

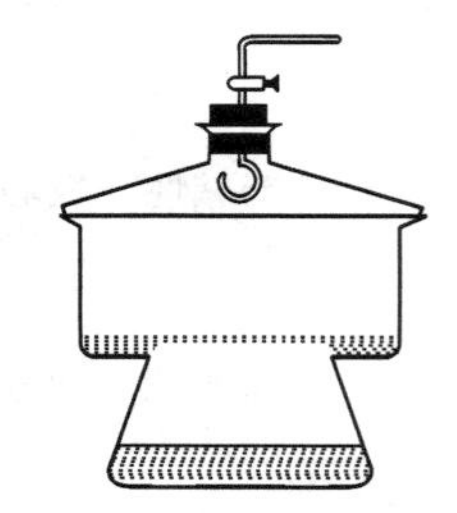

图 2-3 真空干燥器

2.1.3.3 气体的干燥

实验室中产生的气体常常有酸雾、水汽和其他杂质。如果实验需要对气体进行净化和干燥,所用的吸收剂、干燥剂应根据不同气体的性质及气体中所含杂质的种类进行选择。通常酸雾可用水除去,水汽可用浓硫酸、无水氯化钙等除去,其他杂质应根据具体情况分别进行处理。

气体的净化和干燥是在洗气瓶(图 2-4(1))或干燥管(图 2-4(2-3))中进行的。液体处理剂(如水、硫酸等)盛于洗气瓶中,洗气瓶底部有一多孔板,导入气体的玻璃管插入瓶底,气体通过多孔板很好地分散在液体中,增大了两相的接触面积。如果实验室没有洗气瓶,也可以用一带有两孔塞子的锥形瓶代替。用固体净化气体时采用干燥管,管中根据具体要求装填氢氧化钠、无水氯化钙等固体颗粒,装填要均匀,颗粒又不能太细,以免造成堵塞。

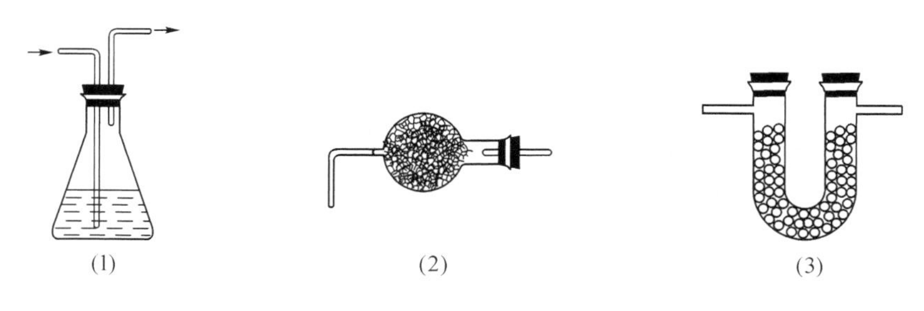

图 2-4 洗气瓶和干燥管

2.2 塞子钻孔和简单玻璃工操作

2.2.1 实验目的

练习塞子钻孔和玻璃管的简单加工技术。

2.2.2 实验仪器

软木塞,橡皮塞,打孔器,锉刀,酒精喷灯,玻璃管,石棉网。

2.2.3 实验步骤

2.2.3.1 塞子的钻孔

为使各种不同的仪器连接装配成套,在没有标准磨口的玻璃仪器时,就要借助于塞子,塞子选配是否得当,对实验影响很大。有机化学实验室常用的塞子有软木塞、橡皮塞两种。在有机化学实验中,仪器上一般使用软木塞,软木塞特点为不易与有机化合物作用,但容易漏气,容易被浓酸或浓碱腐蚀;而橡皮塞的特点为不漏气和不易被酸碱腐蚀,但易被有机物侵蚀或溶胀,且价格也较贵。在要求密封的实验中,例如抽气过滤和减压蒸馏等就必须使用橡皮塞,以防漏气。

(1) 塞子的选择

塞子的大小应与仪器的口径相合适,塞子进入瓶颈或管颈的部分是塞子本身高度的1/3～2/3。如选软木塞还应注意不应有裂缝存在。

(2) 钻孔器的选择

橡皮塞上钻孔,应选择比玻璃管外径略大一些的钻孔器,这是因为橡皮塞有弹性,钻孔后孔径会缩小一些。

软木塞上钻孔,应选择等于或比玻璃管外径略小一些的钻孔器,以免钻出的孔道插入玻璃管后因松动而导致装置漏气。

(3) 钻孔的方法

软木塞质地疏松,打孔前可先将软木塞在滚压器上滚实再打孔。钻孔时,把塞子小的一端朝上平放在一块小木板上,如图 2-5 所示,先用手指转动打孔器,在木塞的中心刻出印痕,然后用左手按紧塞子,右手握住打孔器,一面向下施加压力,一面做顺时针方向旋转,从塞子的一端垂直匀速地钻入,切不可强行推入,并且不要使打孔器左右摇摆,也不要倾斜。当钻至塞子高度的 1/2 时,旋出打孔器,用铁条捅出打孔器内的塞芯,再从塞子大的一端,对准原孔位置,把孔钻透。在钻橡皮塞时,打孔器的前端最好涂上凡士林,使之润滑便于钻入,必要时还可用圆锉进一步锉平钻孔或稍稍扩大孔径。

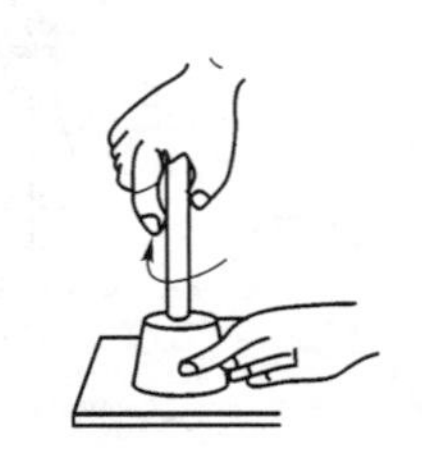

图 2-5 塞子的钻孔

(4) 玻璃管插入橡皮塞的方法

玻璃管等插入橡皮塞时,应用手握住玻璃管接近塞子的地方,将玻璃管匀速并且用力慢慢旋入孔内,将玻璃管塞入橡皮塞时沾一些水或甘油作为润滑剂,必要时可以用布包住玻璃管。插入或拨出玻璃管、温度计时,手捏住的位置距塞子不可太远,以防玻璃管折断而伤手。插入或拔出弯形玻璃管时,手指不能捏在弯曲处,因为弯曲处易折断。

2.2.3.2 玻璃管的加工

玻璃管的加工通常有截断、熔烧、弯曲、拉制等操作。

(1) 玻璃管的截断和熔化

玻璃管的截断操作分两步:第一步是锉痕,第二步是折断,如图 2-6 所示。

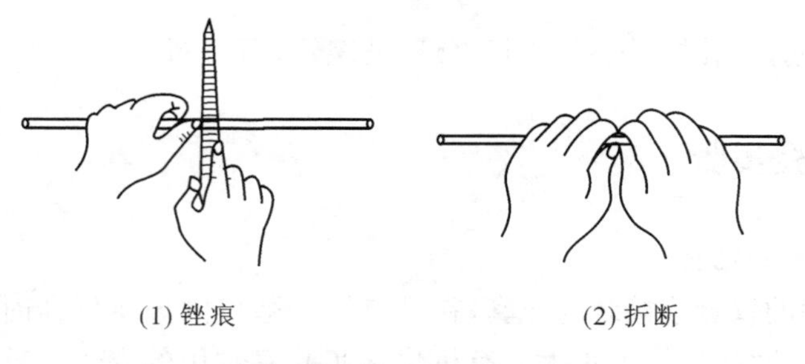

(1) 锉痕　　(2) 折断

图 2-6 玻璃管的截断操作

锉痕时把玻璃管平放在桌子边缘上,拇指按住要截断的地方,用三角锉刀棱边用力将要截断的地方锉出一道凹痕,长度约为玻璃管周长的 1/6,锉痕时只能向一个方向即向前或向后锉,不能来回拉锉。

折断的正确操作是两手分别握住凹痕的两边,凹痕向外,两个大拇指顶住凹痕后面的两侧,轻轻向前推,同时朝两边拉,玻璃管即可被折为平整的两段。

新截断的玻璃管切口锐利,容易划伤皮肤,需要熔烧光滑。可将管口以约 45℃角度斜置于喷灯氧化焰的边沿处，不断地转动，使玻璃管受热均匀，片刻后，管口玻璃毛刺即可熔化而成平滑的管口，如图 2-7 所示。注意：加热时间不可太长，否则管口口径会缩小，烧热的玻璃管，不可直接放在桌子上，应放在石棉网上，更不可用手去摸加热的一端，小心烫手。

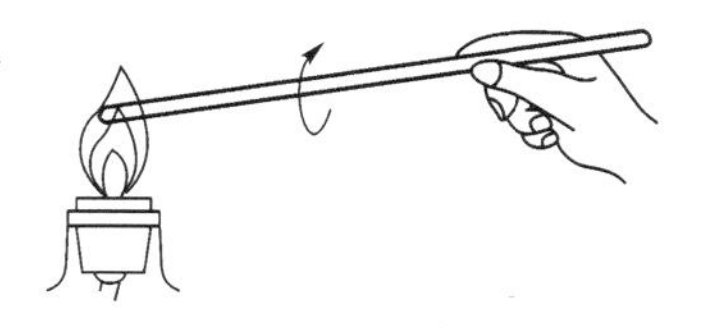

图 2-7　截面处熔烧

(2) 玻璃管的弯曲

进行玻璃管弯曲时，先将玻璃管清洁干净，并用干抹布将玻璃管擦净后，用小火预热一下，然后双手平握玻璃管，放在火焰中加热。受热长度约为 3～5 cm，加热时要缓慢而均匀地转动玻璃管，转动应朝一个方向进行，且双手应保持一致，以防玻璃管软化时发生扭曲、拉伸或缩短。当玻璃管加热到发黄变软时，即可从火焰中取出，等 1～2 s 后，两手向上或向里轻托，准确地弯成所需角度。标准的弯管其弯曲部位内外均匀平滑。

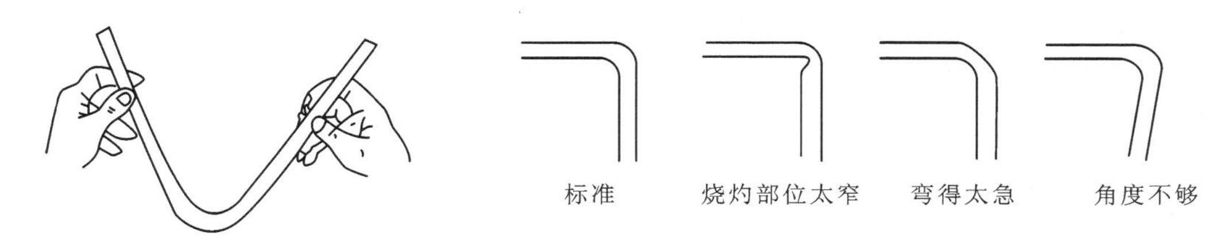

图 2-8　玻璃管的弯曲

大于 90°的弯管应一次弯到位，小于 90°的弯管要先弯到 90°，然后再加热弯到所需要的角度。

注意，在火焰上加热时尽量不要往外拉玻璃管；弯成角度之后，可在管口轻轻吹气以加快冷却；弯成的玻璃管放在石棉网上自然冷却。

(3) 熔点管和沸点管的拉制

拉细操作：两肘搁在桌面上，两手平执玻璃管两端，将玻璃管放在酒精灯的火焰上加热，受热长度约为 1 cm，边加热边缓慢地转动玻璃管使其受热均匀，当玻璃管烧成红黄色开始软化的时候，马上从火焰中取出，两肘仍搁在桌面上，两手平稳地沿水平方向轻轻向相反方向拉长，开始时慢一些，逐步加快拉成内径约为 1 mm 的毛细管，置于石棉网上让其自然冷却。拉长的时候不能太快，否则太细或容易断裂；也不能太慢，致使冷却无法拉长。毛细管的拉制如图 2-9 所示。

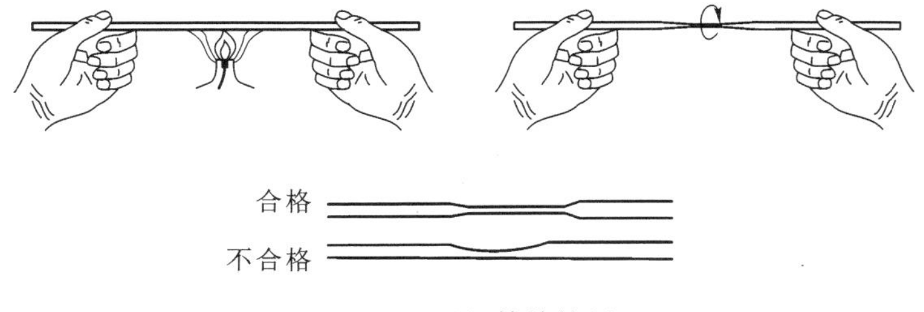

图 2-9　毛细管的拉制

熔点管的拉制：把一根干净，壁厚为 1 mm，直径约 8～10 mm 的玻璃管拉成内径约 1 mm的毛细管，再将内径为 1 mm 的毛细管截成 15～20 cm长，把此毛细管的两端在小火上封口，使用时把这根毛细管在中间折断，就成了两根熔点管。

沸点管的拉制：同样，先把一根干净，壁厚为 1 mm，直径约 8～10 mm的玻璃管拉成内径约 1 mm 和 3～4 mm 的两种毛细管，然后将内径 3～4 mm的毛细管截成 7～8 cm 长，在小火上封闭一端作外管，将内径为 1 mm 的毛细管截成 8～9 cm 长，再封闭其一端作为内管，这样就组成了微量沸点管。微量沸点管如图 2-10所示。

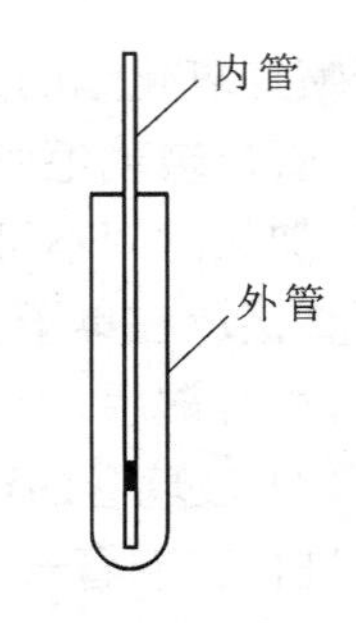

图 2-10　微量沸点管

2.2.4　注意事项

1. 酒精喷灯的安全使用：检查管道和灯体是否有漏液现象；点燃之前一定要充分预热。
2. 加热玻璃管时，不能把头伸向酒精喷灯的正上方，以免发生危险。
3. 玻璃管切割时，不能用锉刀来回锉。
4. 玻璃管插入塞子时，右手握玻璃管的位置与塞子的距离应保持 4 cm 左右，不能太远。

2.2.5　思考题

1. 选用塞子时要注意什么？
2. 为什么在拉制玻璃弯管及毛细管时，玻璃管必须匀速转动着加热？
3. 在用大火加热玻璃管或玻璃棒之前，应先用小火加热，这是为什么？
4. 在弯制玻璃管时，玻璃管不能烧得过热，也不能在火上直接弯制，为什么？
5. 截断玻璃管的时候要注意哪些问题？

2.3　熔点的测定

2.3.1　实验目的

（1）了解熔点测定的原理和意义。
（2）掌握毛细管法测定熔点的操作。
（3）了解显微熔点测定仪和数字熔点仪的使用方法。

2.3.2　实验原理

固液两相在大气压下达成平衡时的温度就是该固体物质的熔点 T_M。当温度高于 T_M 时，所有的固相将全部转化为液相；若低于 T_M时，则由液相转变为固相。

纯净的固态物质通常都有固定的熔点，但在一定压力下，固、液两相之间的变化对温度是非常敏感的，从开始熔化（初熔）至完全熔化（全熔）的温度范围（熔程）较小，一般不超过0.5～1℃。由图2-11和图2-13可知，随着温度的升高，固态和液态的蒸气压均升高，而液态升高更快，即SM的变化大于ML，在两条曲线的交叉点M处，固液两相蒸气压相一致，两相平衡共存，此时的温度即为物质的熔点。由图2-12可知，固液两相共存时温度是一定的，只要温度超过T_M，固体即可全部转变为液体，而后温度继续升高。

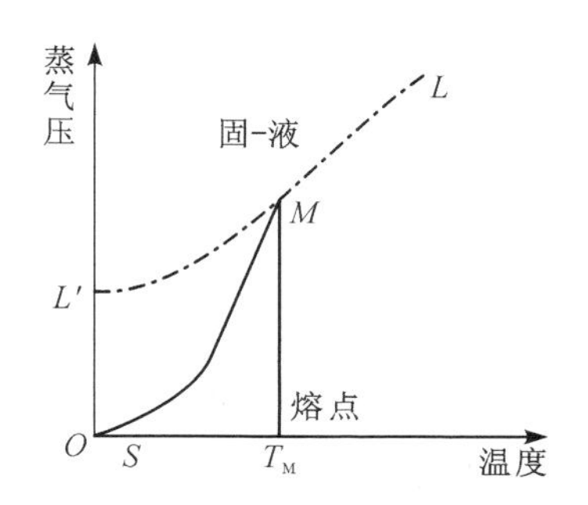

图2-11　物质的蒸气压和温度的关系

若该物质中含有杂质，则其熔点往往较纯净物质的熔点低，而且熔程也较大。因此，熔点的测定常常可以用来识别和定性地检验物质的纯度（T_M为纯净有机物的熔点，T_{M_1}为含杂质时有机物的熔点）。

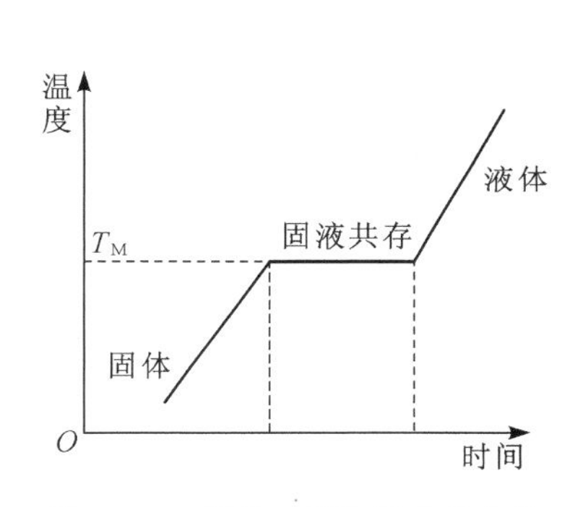

图2-12　相随时间和温度的变化

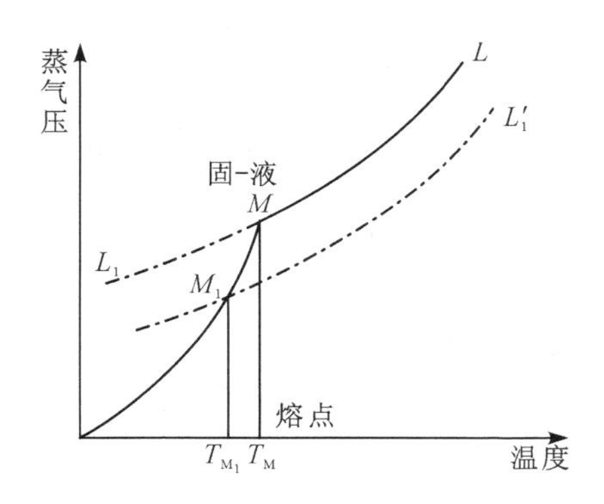

图2-13　杂质的影响

2.3.3　实验仪器和药品

仪器：Thiele管（b形管，提勒管），200℃温度计，熔点管，长玻璃管（30～40 cm），表面皿（中号），切口橡皮塞，橡皮圈，酒精灯，显微熔点测定仪。

药品：乙酰苯胺，萘，液体石蜡（热载体），95%乙醇。

2.3.4　实验步骤

2.3.4.1　毛细管熔点测定法

（1）熔点管的制备

将拉制好的直径为1 mm、长为7 cm左右的毛细管一端熔封，作为熔点管。

（2）样品的填装

取0.1～0.2 g样品，置于干净的表面皿中，用角匙或玻璃棒研成很细的粉末，聚成小堆。将毛细管开口一端倒插入粉末中，样品便被挤入管中，再把开口一端向上，轻轻在桌面上敲击，使粉末落入管底。取一根长约30～40 cm的玻璃管，竖直立于一个干净的表面皿上，将熔点管从玻璃管上端自由落下，反复数次，使样品夯实。重复操作，直至样品高约 2～3 mm 为止。粘在管外的样品要擦去，以免污染加热浴液。装入的样品一定要研得很细且夯实，如果有空隙则传热不均匀，会影响测定结果。

(3) 仪器及安装

Thiele 管又叫 b 形管、熔点测定管。将 b 形管固定在铁架台上，往其中装入浴液至高出其上侧管 1 cm 为宜，管口装有开口软木塞。把毛细管中下部用浴液润湿后，将其紧附在温度计旁，样品部分应靠在温度计水银球的中部，用橡皮圈将毛细管紧固在温度计上，要注意使橡皮圈置于距浴液 1 cm 以上的位置。将黏附有毛细管的温度计小心地插入 b 形管中，插入的深度以水银球恰在 b 形管两侧管的中部为准。加热时火焰需与 b 形管的倾斜部分接触（如图 2-14 所示）。

装置中用的浴液，通常有水、浓硫酸、甘油、液体石蜡和硅油等。温度低于 100℃时，可用水；温度低于 140℃时，最好选用液体石蜡或甘油；若温度高于 140℃，可选用浓硫酸。热的浓硫酸具有极强的腐蚀性，要特别小心，以免溅出伤人。使用浓硫酸作浴液，有时由于有机物掉入酸内而变黑，妨碍对样品熔融过程的观察。在此情况下，可以加入一些 KNO_3 晶体，共热后使其脱色。硅油可以加热到 250℃，且比较稳定，透明度高，无腐蚀性，但价格较贵。

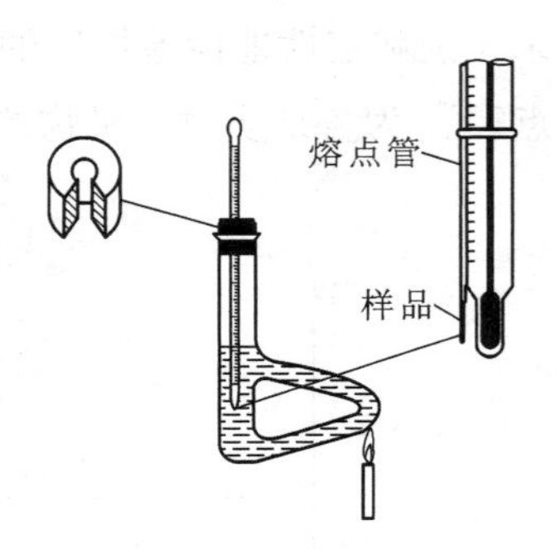

图 2-14　Thiele 管熔点测定装置

(4) 实验操作

① 粗测　若测定未知物的熔点，应先粗测一次。粗测时，升温速度可快些，约每分钟5～6℃。认真观察并记录现象，直至样品熔化。这样可以测得一个粗略的熔点。

② 精测　让热浴液慢慢冷却到样品粗测熔点以下 20℃左右。在冷却的同时，换上一根新的装有样品的毛细熔点管进行精测。注意每一次测定必须用新的毛细管另装样品，不能将已测定过的毛细管冷却后再用。

精测时，开始升温速度为每分钟 5～6℃，当离粗测熔点还有 10～15℃时，调整火焰，使温度上升速度为每分钟 1℃左右。温度越接近熔点，升温速度应越慢，掌握升温速度是测定熔点的关键。密切注意毛细管中样品的变化情况，当样品开始塌落，并有液体产生时（部分透明），表示开始熔化（初熔），当固体刚好完全消失时（全部透明），则表示完全熔化（终熔）。

③ 记录　记下初熔和终熔温度，即为该化合物的熔程。例如某化合物在 121.0℃时有液滴出现，在 122.0℃时全熔，其熔点为 121.0～122.0℃，熔程为 1℃。

测定已知物熔点时，要测定两次，两次测定的误差不能大于±1℃。测定未知物时，要测三次，一次粗测，两次精测，两次精测的误差也不能大于±1℃。

④ 后处理　实验完毕，取下温度计，让其自然冷却至接近室温时，用水冲洗干净。

若用浓硫酸作浴液，温度计用水冲洗前，需用废纸擦去浓硫酸，以免其遇水发热使水银球破裂。等 b 形管冷却后，再将浴液倒入回收瓶中。

2.3.4.2　显微熔点仪测定法

(1) 显微熔点测定仪

用毛细管法测定熔点，装置简易，但样品用量较大，测定时间长，同时不能观察出样品在加热过程中晶形的转化及变化过程。为克服这些缺点，实验室常采用显微熔点测定仪。

显微熔点测定仪的主要组成可分为两大部分：显微镜和微量加热台，如图 2-15 所示。

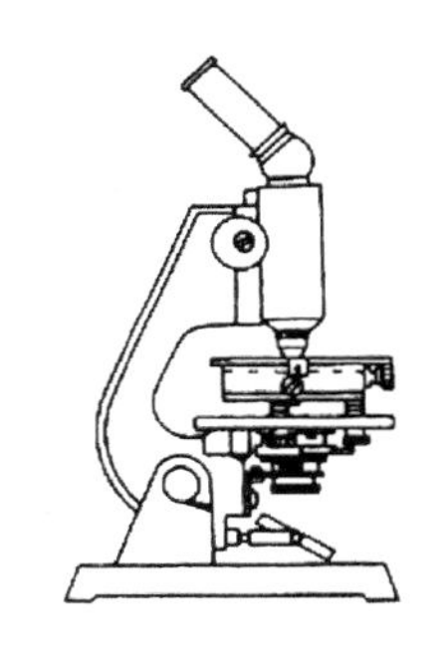

图 2-15　显微熔点测定仪

显微熔点测定仪的优点：①可测微量（不大于 0.1 mg）样品的熔点；②可测高熔点（熔点可达 350℃）的样品；③通过放大镜可以观察样品在加热过程中变化的全过程，如失去结晶水、多晶体的变化及分解等。

（2）实验操作

在干净且干燥的盖玻片上放微量晶粒并盖上一片盖玻片，将其放在加热台上。调节反光镜、物镜和目镜，使显微镜焦点对准样品，开启加热器，先快速后慢速加热，温度快升至熔点时，控制温度上升的速度为每分钟 1～2℃，当样品结晶棱角开始变圆时，表示已开始熔化，结晶形状完全消失表示已完全熔化，可以看到样品变化的全过程。测完后停止加热，稍冷，用镊子移走盖玻片，将铜板盖放在加热台上，使其快速冷却，以便再次测试，重复测定两次。在使用这种仪器前必须仔细阅读使用指南，严格按操作规程操作。

2.3.4.3　数字式熔点仪测定法

目前，实验室多使用数字式熔点测定仪测定样品的熔点，仪器可以直接显示初熔、终熔温度，简单快捷。数字式熔点仪的具体操作详见具体仪器说明。

2.3.4.4　温度计的校正

测熔点时，温度计上的熔点读数与真实熔点之间常有一定的偏差，可能的原因如下。

（1）温度计的制作质量差，如毛细管孔径不均匀，刻度不准确。

（2）普通温度计的刻度是在温度计全部均匀受热的情况下刻出来的。但我们在测定温度时，常常仅将温度计的一部分插入热液中，有一端水银线露在液面外，这样测定的温度比温度计全部浸入液体中所得的结果偏低。

（3）被长期使用的温度计，玻璃也可能发生变形而使刻度不准。因此，若要精确测定物质的熔点，就需校正温度计。

温度计的校正方法为：选择数种已知熔点的纯化合物为标准，测定它们的熔点，以观察到的熔点作纵坐标，测得熔点与已知熔点差值作横坐标，画成曲线，即可从曲线上读出任一温度的校正值。校正温度计的标准化合物的熔点见表 2-5。

表 2-5　标准化合物的熔点

化　合　物	熔　点/℃	化　合　物	熔　点/℃
水-冰（蒸馏水制）	0	苯甲酸	122
α-萘胺	50	尿素	133
二苯胺	53	二苯基羟基乙酸	151
苯甲酸苯酯	69.5～71.0	水杨酸	158
萘	80	对苯二酚	173～174
间二硝基苯	90	3，5-二硝基苯甲酸	205
二苯乙二酮	95～96	蒽	216.2～216.4
乙酰苯胺	114	酚酞	262～263

实验室常用浴液如表 2-6 所示。

表 2-6　实验室常用浴液

浴液名称	适用温度范围
水	0～100℃
液体石蜡	230℃以下
浓硫酸	220℃以下(敞口容器中)
浓硫酸+硫酸钾(质量比 7∶3)	325℃以下
聚有机硅油	350℃以下
无水甘油	150℃以下
邻苯二甲酸二丁酯	150℃以下
真空泵油	250℃以下

2.3.5　注意事项

(1) 熔点管必须洁净。如有灰尘等,能产生 4～10℃的误差。

(2) 熔点管应封好。当装好样品的毛细管浸入浴液后,发现样品变黄或管底渗入液体,说明为漏管,应弃之,另换一根。

(3) 样品要研细并填装结实。若产生空隙,则不易传热,造成熔程变大。

(4) 样品量的多少也会影响。太少不便观察;太多会造成熔程变大,熔点偏高。

(5) 在接近熔点时,升温速度应慢,让热传导有充分的时间。如果升温速度过快,熔点会偏高。

(6) 用浓硫酸作热浴液时,应特别小心,防止灼伤皮肤,也不要让样品或其他有机物接触浓硫酸,否则会使浓硫酸变黑,有碍熔点的观察。在发黑的浓硫酸中加入少许硝酸钾晶体,加热后可使之脱色。

2.3.6　思考题

(1) 如果我们想对一个固体有机化合物的纯度进行初步检测,可以用什么方法?

(2) 加热的快慢为什么会影响熔点测定?在什么情况下加热可以快一些?什么情况下加热则要慢一些?如果样品混合不均匀会产生什么不良结果?

(3) 是否可以使用第一次测熔点时已经熔化的有机化合物再做第二次测定呢?为什么?

2.4　沸点的测定

2.4.1　实验目的

(1) 熟悉微量法测定液体化合物沸点的原理和仪器装置。

(2) 学习沸点测定的操作方法及其应用。

2.4.2 实验原理

液体受热时其蒸气压升高，当与外界大气压相等时，液体开始沸腾，这时液体的温度就是该化合物的沸点。由 $pV=nRT$ 可知，当 V、n、R 一定时，T 越大，p 越大，即同一种化合物在不同的压力下，其沸点是不同的。故讨论一种化合物的沸点时，一定要注明测定沸点时的大气压。

纯净的液体有机物在一定压力下具有固定的沸点，沸点是液体有机化合物的物理常数之一，因此通过测定沸点可以鉴别有机化合物并判断其纯度。需要指出的是，具有恒定沸点的液体并不一定都是纯化合物，因为共沸混合物也具有恒定的沸点。因此，测定沸点只能定性地鉴别一种化合物。测定沸点的方法有常量法和微量法，常量法采用的是蒸馏装置，其方法与简单蒸馏操作相同。本实验采用微量法测定已知化合物和未知化合物的沸点。

2.4.3 实验仪器和药品

仪器：Thiele 管，温度计，沸点管，酒精灯。

药品：四氯化碳，液体未知样 1～2 个，水。

2.4.4 实验装置图

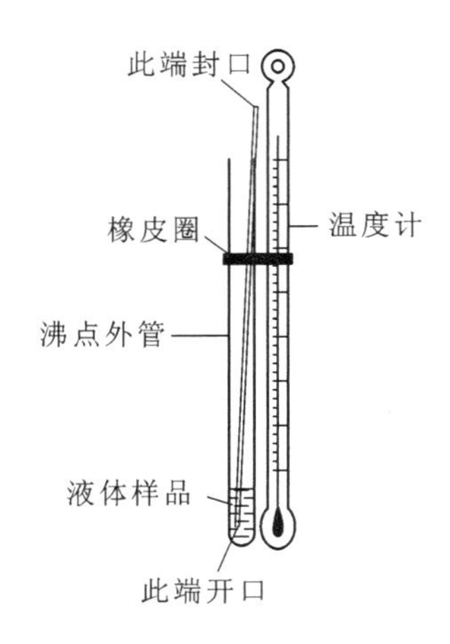

图 2-16 微量沸点测定装置

2.4.5 实验步骤

2.4.5.1 安装测定装置

取一根内径为 3～4 mm，长为 7～8 cm，一端封口的毛细管作为沸点管的外管，放入欲测样品4～5滴(液柱高约1 cm),在此管中放入一根内径约1 mm,长为8～9 cm的上端封口的毛细管,开口处浸入样品中。用橡皮圈将沸点管固定在温度计旁,使沸点管底端与温度计水银球部位平齐,并插入装有水的b形管中。

2.4.5.2　沸点的测定

用酒精灯缓缓加热,慢慢升温,由于气体膨胀,内管中有断断续续的小气泡冒出来,当升温至液体的沸点时,沸点管中将有一连串的气泡快速逸出。停止加热,让浴液自行冷却,管内气体逸出的速度将会减慢。当最后一个气泡因液体的涌入而刚欲缩回内管时(即表示毛细管内液体的蒸气压与外界大气压平衡)的温度即为该液体在常压下的沸点。待温度下降15～20℃后,可重新加热再测一次(两次所得温度数值相差不得超过1℃)。

按上述方法进行CCl_4(沸点76℃)及未知样品沸点(沸点低于100℃)的测定。

2.4.6　注意事项

(1) 测定沸点时,加热不能过快,尤其是在接近样品的沸点时,升温速度更要慢一些,否则沸点管内的液体会迅速挥发而来不及测定。

(2) 如果在测定沸点的加热过程中,没能观察到一连串小气泡快速逸出,可能是由于沸点内管封口处没被封好。此时,应停止加热,换一根内管,待导热液温度降低20℃后即可重新测定。

2.4.7　思考题

(1) 测沸点有何意义?

(2) 什么是沸点? 纯液态有机化合物的沸程是多少?

(3) 微量法沸点测定操作中,如何准确判断沸腾现象及相关温度? 连续气泡逸出与气泡回缩的原因是什么?

2.5　重结晶

2.5.1　实验目的

(1) 熟悉重结晶法提纯固态有机化合物的原理和方法。

(2) 掌握抽滤、热滤等基本操作。

(3) 了解重结晶溶剂的选择原则。

2.5.2　实验原理

重结晶是纯化、精制固体有机化合物常用的方法之一。选择一种合适的溶剂,使被提纯物质及杂质在该溶剂中的溶解度不同。将含有杂质的固体物质溶解在热的溶剂中，形成热的饱和溶液，趁热滤去不溶性杂质，冷却时由于溶解度降低，溶液变成过饱和而析出结晶。这样就可使溶液中的主要成分在低温时析出结晶，可溶性杂质仍留在母液中，产品纯度相对提高。

如果固体有机物中所含杂质较多或要求更高的纯度，可多次重复此操作，使产品达到所要求的纯度，此法被称为多次重结晶。

一般重结晶只能纯化杂质含量在5%(质量分数)以下的固体有机物，如果杂质含量过高，往往需先经过其他方法初步提纯，如萃取、水蒸气蒸馏、减压蒸馏、柱层析等，然后再用重结晶方法提纯。

在进行重结晶时，选择理想的溶剂是操作的关键。

2.5.2.1 理想的溶剂必须具备的条件

(1) 不与被提纯物质起化学反应。

(2) 在较高温度时能溶解较多的被提纯物质，而在室温或更低温度时，只能溶解很少量的该种物质。

(3) 对杂质的溶解度非常大或非常小(前一种情况是使杂质留在母液中不随提纯物晶体一同析出，后一种情况是杂质在热过滤时能被滤去)。

(4) 沸点不宜太高，容易挥发除去。

(5) 能给出较好的结晶。

2.5.2.2 溶剂的选择方法

(1) 单一溶剂

取0.1 g固体粉末于一小试管中，加入1 mL溶剂，振荡，观察溶解情况，如在室温或温热时能全溶解，则不能用，因为溶解度太大。

取0.1 g固体粉末加入1 mL溶剂中，不溶，如加热还不溶，逐步加大溶剂量至4 mL，加热至沸腾，仍不溶，则不能用，因为溶解度太小。

取0.1 g固体粉末，能溶于1～4 mL沸腾的溶剂中，冷却时结晶能自行析出，再经摩擦或加入晶种能析出相当多的量，则此溶剂可以使用。

(2) 混合溶剂

某些有机化合物在许多溶剂中溶解度不是太大就是太小，找不到一种合适的溶剂时，可考虑使用混合溶剂。混合溶剂两者必须能混溶，如乙醇-水、丙酮-水、乙酸-水、乙醚-甲醇、乙醚-石油醚、苯-石油醚等。样品易溶于其中一种溶剂，而难溶于另一种溶剂，往往使用混合溶剂能得到较理想的结果。

使用混合溶剂时，应先将样品溶于沸腾的易溶的溶剂中，滤去不溶性杂质后，再趁热滴入难溶溶剂至溶液混浊，然后再加热使之变澄清，放置冷却，使结晶析出。

2.5.3 实验仪器和药品

仪器：烧杯(250 mL)，锥形瓶，热水漏斗，玻璃漏斗(短颈)，抽滤瓶，布氏漏斗，循环水真空泵，酒精灯，玻璃棒，表面皿，滤纸。

药品：乙酰苯胺(粗品)，活性炭，蒸馏水。

2.5.4 实验装置图

图 2-17 重结晶热过滤装置

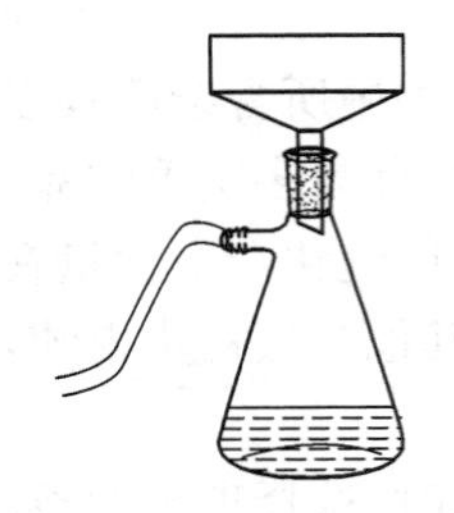

图 2-18 抽滤装置

2.5.5 实验步骤

2.5.5.1 溶解

把 2 g 粗品乙酰苯胺加入 100 mL 锥形瓶中，加入水 40～50 mL，加热使之溶解。若尚有未溶解的固体，可继续加入少量热水(每次加入 3～5 mL)，直至固体全溶，再过量 20%左右。若加入溶剂，加热后不见未溶物减少，则可能是不溶性杂质，这时不必再加溶剂。

2.5.5.2 脱色

将热溶液稍冷却后加入少许活性炭(占样品质量 1%～5%)，搅拌下加热微沸 5～10 min。

2.5.5.3 趁热过滤

折叠好菊花形滤纸(折叠方法如图 2-19 所示)，放在玻璃漏斗上，再将玻璃漏斗放在热水漏斗上，趁热过滤溶液。过滤过程中，热水漏斗和溶液分别保持小火加热，避免冷却。热过滤要准备充分，动作要迅速。若有少量晶体析出，可用少量热溶剂洗下，若较多，可用刮刀刮回原瓶，重新热过滤。若气温较高，也可用预热后的布氏漏斗进行快速抽滤。

2.5.5.4 结晶

滤液在室温下放置，自然冷却，即有乙酰苯胺晶体析出。

2.5.5.5 抽滤

装好抽滤装置，剪好滤纸，放在布氏漏斗上，用少量水润湿，将乙酰苯胺晶体和液体倒入布氏漏斗中抽滤。

2.5.5.6 晶体的干燥

将滤纸上的乙酰苯胺晶体刮下放在表面皿上自然晾干或在 80～100℃烘箱中烘干再称重。

2.5.5.7 计算回收率

$$回收率(\%)=晶体质量/粗品质量\times 100\%$$

2.5.6　注意事项

(1) 活性炭的用量为重结晶产品质量的1%～5%，不能加入到正在沸腾的溶液中。

(2) 滤纸不能大于布氏漏斗的底面。

(3) 在热过滤时，整个操作过程要迅速，否则漏斗一凉，结晶在滤纸上和漏斗颈部析出，操作将无法进行。

(4) 洗涤用的溶剂量应适当，既能达到较好的洗涤效果，也可以避免晶体大量溶解损失。

(5) 停止抽滤时先将抽滤瓶与抽滤泵间连接的橡皮管拆开，或者将安全瓶上的活塞打开与大气相通，再关闭泵，防止水倒流入抽滤瓶内。

(6) 菊花滤纸的折叠方法：将选定的圆形滤纸按如图2-19的方法步骤折叠，先把圆形的滤纸沿1、3线对折为半圆形，然后沿2、4线再对折成扇形，最后再对折成1/8扇形(圆形的滤纸折成相等的8等分)，然后打开，在8个等分的每一小格中间再以相反的方向对折成16等分，就得到折扇一样的排列。再在1、2和2、3处各向内折一小面，展开后即得到折好的菊花纸，也称扇形滤纸。折叠时不能太用力，否则过滤时滤纸的中央容易破裂。

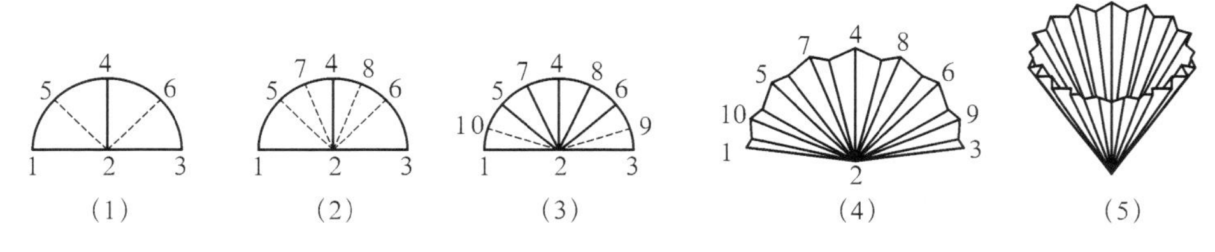

图2-19　菊花滤纸的折叠方法

(7) 加热溶解乙酰苯胺时，若有油滴存在则说明没有完全溶解，应补加少许热水。

2.5.7　思考题

(1) 重结晶提纯法一般包括哪几个步骤?

(2) 重结晶提纯法所选用的溶剂应具备哪些条件?

(3) 为什么要趁热过滤? 目的是什么?

(4) 配热饱和溶液时，如果加入的水过多会产生什么后果?

(5) 热过滤时，若有乙酰苯胺晶体在滤纸上析出，应如何处理?

2.6　萃　取

2.6.1　实验目的

(1) 学习萃取法的基本原理。

(2) 掌握萃取的基本操作方法及分液漏斗的使用方法。

2.6.2 实验原理

萃取和洗涤是利用物质在不同溶剂中的溶解度不同来进行分离、提取或纯化的操作。

萃取和洗涤的原理是一样的,只是目的不同。从混合物中抽取所需要的物质,叫做萃取或提取;而从混合物中除去不需要的杂质,叫洗涤。根据萃取两相的不同,萃取又可分为从溶液中萃取(液-液萃取)和从固体中萃取(固-液萃取)这两种萃取方法。

2.6.2.1 液-液萃取的原理

将含有有机化合物的水溶液用有机溶剂萃取时,有机化合物就在两液相间进行分配。根据分配定律,在一定温度下,有机化合物在两种溶剂中的浓度之比为一常数,即所谓的"分配系数 K"。

$\frac{c_A}{c_B}=K$,其中 c_A,c_B 分别为该物质在溶剂 A 和溶剂 B 中的溶解度;K 为分配系数。

利用分配系数的定义式可计算每次萃取后,溶液中的溶质的剩余量。

设 V 为被萃取溶液的体积(mL),近似看作与溶剂 A 的体积相等(因溶质量不多,可忽略)。

W_0为被萃取溶液中溶质的总质量(g),S 为萃取时所用溶剂 B 的体积(mL),W_1为第一次萃取后溶质在溶剂 A 中的剩余量(g),(W_0-W_1) 为第一次萃取后溶质在溶剂 B 中的含量(g)。

则有

$$\frac{W_1/V}{(W_0-W_1)/S}=K$$

可得

$$W_1=\frac{KV}{KV+S}\cdot W_0$$

设 W_2为第二次萃取后溶质在溶剂 A 中的剩余量(g)

同理有

$$W_2=\frac{KV}{KV+S}\cdot W_1=\left(\frac{KV}{KV+S}\right)^2\cdot W_0$$

设 W_n为经过 n 次萃取后溶质在溶剂 A 中的剩余量(g),则有

$$W_n=\left(\frac{KV}{KV+S}\right)^n\times W_0$$

因为上式中 $KV/(KV+S)$ 一项恒小于 1,所以 n 越大,W_n 就越小,也就是说一定量的溶剂分成几份进行多次萃取,其效果比用全部量的溶剂做一次萃取为好。一般 $n=3\sim5$,即萃取3～5 次。

例如:100 mL 水中含有 4 g 正丁酸的溶液(已知 15℃时,正丁酸在水中与苯中的分配系数为 $K=1/3$),若用 100 mL 苯一次萃取,则萃取后正丁酸在水中的剩余量为:

$$W_1 = 4\ \mathrm{g} \times \frac{\frac{1}{3} \times 100\ \mathrm{mL}}{\frac{1}{3} \times 100\ \mathrm{mL} + 100\ \mathrm{mL}} = 1\ \mathrm{g}$$

解得萃取收率为 75%。

若将 100 mL 苯分成 3 次萃取，每次用 33.3 mL，则剩余量为：

$$W_1 = 4\ \mathrm{g} \times \left(\frac{\frac{1}{3} \times 100\ \mathrm{mL}}{\frac{1}{3} \times 100\ \mathrm{mL} + 33.3\ \mathrm{mL}} \right)^3 \approx 0.5\ \mathrm{g}$$

解得萃取收率为 87.5%。

综上所述，用同样体积的溶剂分多次萃取比一次萃取的收率高。因此萃取一般采用“少量多次”原则。

在实验室中，常用分液漏斗进行萃取。常用的分液漏斗有球形、圆柱形和梨形三种，它们的用途主要有：分离两种互不混溶（分层）的液体；从溶液中萃取某种有机物；在分液漏斗中，用水、酸或碱等洗涤溶液中某种有机物。

2.6.2.2　分液漏斗的操作方法及注意事项

（1）通常选择容积比萃取液大 1～2 倍的分液漏斗。使用前，仔细检查分液漏斗的活塞和玻璃塞是否配套严密，防止在使用过程中漏液。如活塞处漏液，取下活塞，涂上少量凡士林或润滑脂，塞好后旋转数圈，使润滑脂分布均匀（应当注意，不能堵塞活塞孔），然后将活塞关好。

（2）将分液漏斗放入固定在铁架台上的铁圈中，把待萃取混合液（体积为 V）和萃取剂（体积约为 $V/3$）倒入分液漏斗，盖好上口塞（玻璃塞磨口处不能涂凡士林或润滑脂）。取下分液漏斗，倾斜，使其上口略朝下。用右手握住分液漏斗上口，并用右手食指摁住上口塞；左手握住分液漏斗下端的活塞部位，小心振荡，使萃取剂和待萃取混合液充分接触。振荡过程中，要不时将漏斗尾部向上倾斜并打开活塞，以排出因振荡而产生的气体（操作方法如图 2-20 所示）。重复上述振荡、放气操作几次，直到完成萃取。

（3）将分液漏斗放在铁环上静置（如图 2-21 所示），使之分层，然后拿下上面的塞子，下层液体从活塞放出；上层液体从分液漏斗上口倒出，切不可将上层液体从下口活塞放出。

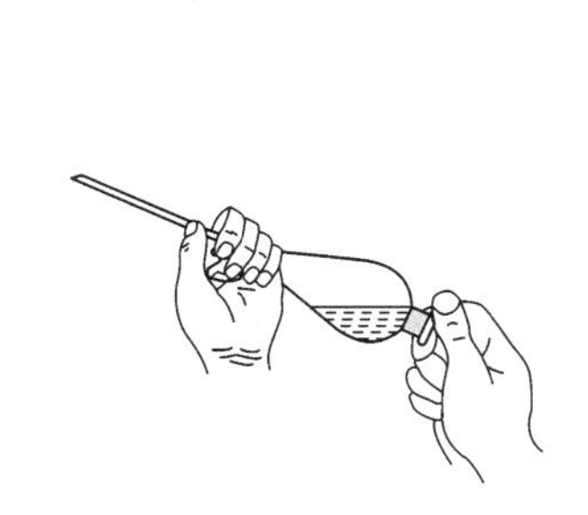

图 2-20　分液漏斗的振荡与放气

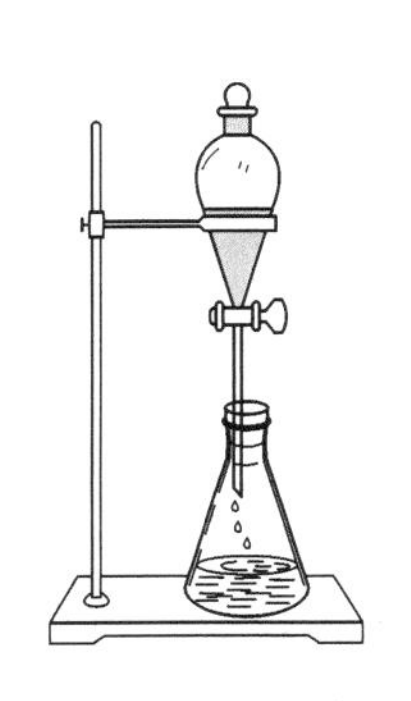

图 2-21　分液漏斗静置分层

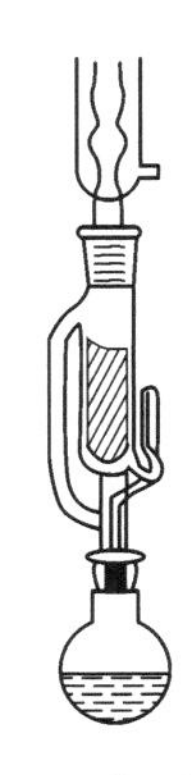

图 2-22　索氏提取器

(4) 在萃取过程中，特别是当溶液呈碱性时，常会产生乳化现象，影响液体分层。为此常加入少量电解质(如氯化钠)或去泡剂等破坏乳状液体，也可采用轻轻回荡分液漏斗，然后经过较长时间的静置来使两液相完全分层。

2.6.2.3　固-液萃取

从固体混合物中萃取所需要的物质，最简单的方法是把固体混合物先行研细，放在容器里，加入适当溶剂，用力振荡，然后用过滤或倾析的方法把萃取液和残留的固体分开。若被提取的物质特别容易溶解，也可以把固体混合物放在放有滤纸的锥形玻璃漏斗中，用溶剂洗涤。这样，所要萃取的物质就可以溶解在溶剂里，而被滤取出来。

如果被萃取物质的溶解度很小，此时用洗涤方法要消耗大量的溶剂和很长的时间。在这种情况下，一般用索氏提取器(Soxhlet，又称脂肪提取器)来萃取固体物质的(如图 2-22 所示)。索氏提取器是利用溶剂回流及虹吸原理，使固体有机物连续多次被纯溶剂萃取，它具有萃取效率高、溶剂用量少等特点。但对受热易分解或变色的物质不宜采用，同时所用溶剂沸点也不宜过高。

使用时，首先把滤纸做成与提取器大小相适应的套袋，然后把研细的固体混合物放置在套袋内，装入提取器内，提取器下端连接盛有溶剂的烧瓶，上端连接冷凝管。当溶剂沸腾时，蒸气通过玻璃支管上升，被冷凝管冷凝成液体，滴入提取器中，当液面超过虹吸管的最高处时，即发生虹吸作用流回烧瓶，从而萃取出溶于溶剂的部分物质。经过反复多次的回流和虹吸作用，使固体中的可溶性物质富集到烧瓶中。然后蒸出溶剂，得到的萃取物再利用其他方法进行纯化。

索氏提取器为配套仪器，其任一部件损坏将会导致整套仪器的报废，特别是虹吸管极易折断，所以使用过程中务必小心。

2.6.2.4　萃取溶剂的选择

(1) 萃取剂的选择原则

一般从水中萃取有机物，要求溶剂在水中溶解度很小或几乎不溶；被萃取物在萃取溶剂中的溶解度要比在水中的大，对杂质溶解度要小；溶剂与水及被萃取物都不反应；萃取后溶剂应易于用常压蒸馏回收。此外，价格便宜、操作方便、毒性小、溶剂沸点不宜过高、化学稳定性好、密度适当也是应考虑的条件。一般来说，难溶于水的物质用石油醚提取；较易溶于水的物质，用乙醚或苯萃取；易溶于水的物质则用乙酸乙酯萃取效果较好。

(2) 经常使用的萃取剂

常用的萃取剂有乙醚、苯、四氯化碳、氯仿、石油醚、二氯甲烷、二氯乙烷、正丁醇、醋酸酯等，其中乙醚效果较好。使用乙醚的最大缺点是容易着火，在实验室中可以少量使用，但在工业生产中不宜使用。

2.6.3　实验仪器和药品

仪器：60 mL 分液漏斗，25 mL 碱式滴定管，洗耳球，100 mL 锥形瓶，量筒(10 mL，50 mL)。

药品：乙醚，0.2 mol/L NaOH 溶液，酚酞，1∶19(体积比)乙酸-水溶液。

2.6.4 实验步骤

取 60 mL 分液漏斗，检查活塞和玻璃塞是否严密。然后把分液漏斗放入铁圈中。

(1) 一次提取法：用移液管准确量取 10 mL 乙酸-水溶液于分液漏斗中，加乙醚30 mL，塞好上口塞。取下分液漏斗，振摇、放气，重复 3～4 次。然后将分液漏斗放入铁圈中，使乳浊液分层，待清晰分层后，打开上面塞子，旋开下面活塞，将下层水液从下口慢慢放入 50 mL 锥形瓶中。向锥形瓶中加入 3～4 滴酚酞作指示剂，用 0.2 mol/L 标准氢氧化钠溶液滴定，记录用去的氢氧化钠毫升数。计算：①留在水中的乙酸量及百分数；②留在乙醚中的乙酸量及百分数。

(2) 多次提取法：准确量取 10 mL 乙酸水溶液于分液漏斗中，用 10 mL 乙醚如上法萃取，分去乙醚溶液。水溶液再用 10 mL 乙醚萃取 2 次。最后将第三次萃取后的水溶液经活塞放入 50 mL 的锥形瓶内，用 0.2 mol/L 氢氧化钠溶液滴定。计算：①留在水中的乙酸量及百分数；②留在乙醚中的乙酸量及百分数。

从上述两种方法中所得的数据来比较乙酸萃取效率的高低。

2.6.5 注意事项

(1) 首先检查分液漏斗的两个塞子是否配套，是否有滴漏现象。

(2) 因乙醚极易挥发，要及时放气。

(3) 分液时一定要尽可能分离干净，有时在两相间可能出现一些絮状物，也应同时放去(下层)。

(4) 分离出水层后的醚液倒入回收瓶中。

(5) 在萃取时，可利用“盐析效应”，即在水溶液中加入一定量的电解质(如氯化钠)，以降低有机物在水中的溶解度，提高萃取效果。水洗操作时，不加水而加饱和食盐水也是这个道理。

(6) 要弄清哪一层是水相。若搞不清，可任取一层的少量液体，置于试管中，并滴加少量自来水：若加水后分为两层，说明该液体为有机相；若加水后不分层则是水相。

(7) 在萃取时，特别是当溶液呈碱性时，常常会产生乳化现象，这样很难将它们完全分离，可加些酸进行破乳。

(8) 分液漏斗用完后，应洗净，擦去活塞上的润滑脂，活塞和塞子都垫上纸片塞好。

2.6.6 思考题

(1) 影响萃取效果的因素有哪些?

(2) 若用有机溶剂萃取水溶液中的物质，而又不能确定分液漏斗中哪一层是有机相，你将如何快速判定?

(3) 使用分液漏斗时要注意哪些事项?

2.7 常压蒸馏

2.7.1 实验目的

(1) 了解常压蒸馏的基本原理和意义。

(2) 掌握常压蒸馏(常量法测定沸点)的基本操作。

2.7.2 实验原理

蒸馏是将液体有机物加热到沸腾状态,使液体变成蒸气,又将蒸气冷凝为液体的过程。在常压下进行的蒸馏叫做常压蒸馏。

在一定温度下的密闭容器中,当液体蒸发的速度与蒸气凝结的速度相等时,液体与其蒸气就处于一种平衡状态,这时蒸气的浓度不再改变而呈现一定的压力,这种压力称为蒸气压。液体化合物的蒸气压随温度升高而增加,当液体的蒸气压与大气压相等时,液体即开始沸腾,此时的温度即为该化合物的沸点。液体化合物的沸点随外界压力的改变而改变,外界压力增大,沸点升高;外界压力减小,沸点降低。沸点随外压变化而变化有如下经验规律:在101.33 kPa(1 atm)附近,压力每下降 1.33 kPa(10 mmHg)时,多数液体的沸点约下降0.5℃;在较低压力时,压力每降低一半,沸点下降约 10℃。

纯净的液体有机化合物在一定的压力下具有一定的沸点,而且沸程(馏液开始滴出到液体几乎全部蒸出时的温度变化范围)很小,一般不超过 1℃。而混合物(恒沸点混合物除外)则没有固定的沸点,沸程也较长。不纯液体有机物的沸点,取决于杂质的物理性质。如杂质是不挥发的,则不纯液体的沸点比纯液体的高;若杂质是挥发性的,则蒸馏时液体的沸点会逐渐上升(恒沸混合物除外)。通过蒸馏可除去不挥发性杂质,可分离沸点差大于 30℃的液体混合物,还可以测定纯液体有机物的沸点及定性检验液体有机物的纯度。但是具有固定沸点的液体不一定都是纯净的化合物,因为某些有机化合物常和其他组分形成二元或三元共沸混合物,它们也有一定的沸点。

为了消除在蒸馏过程中的过热现象和保证沸腾的平稳状态,常加入素烧瓷片或沸石,或一端封口的毛细管,因为它们都能防止加热时的暴沸现象,故把它们叫做止暴剂或助沸剂。在加热蒸馏前就应加入止暴剂,切忌向接近沸腾的液体中加入止暴剂,因为在液体沸腾时投入止暴剂,将会引起猛烈的暴沸,液体会冲出瓶口,若是易燃的液体,将会引起火灾,所以应使沸腾的液体冷却后才能加入止暴剂。若蒸馏中途停止,后来需要继续蒸馏,也必须在加热前添加新的止暴剂才算安全。

2.7.3 实验仪器和药品

仪器:圆底烧瓶,温度计套管,蒸馏头,温度计(100℃),直形冷凝管,尾接管,铁架台,量筒,水浴锅。

药品:工业乙醇,沸石(素烧瓷片)。

2.7.4　实验装置图

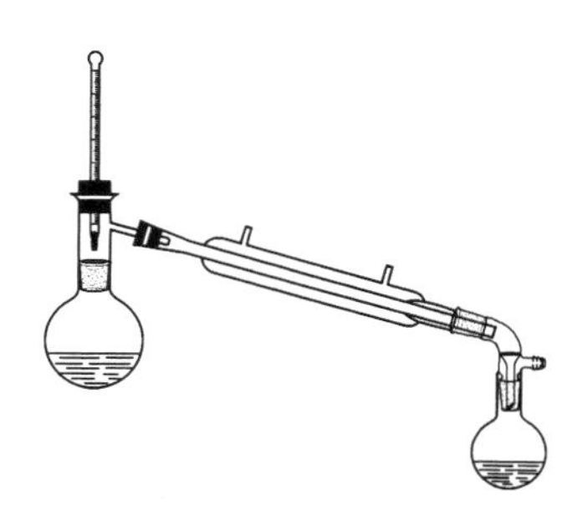

图 2-23　常压蒸馏装置

2.7.5　实验步骤

(1) 加料　在 100 mL 圆底烧瓶中,加入 60 mL 工业乙醇(加料时用小玻璃漏斗将其小心倒入),加入 2～3 粒沸石。按图 2-23 的常压蒸馏装置连接好仪器。注意温度计的位置,检查仪器各部分连接处是否紧密不漏气。

(2) 加热　先打开自来水龙头,缓缓通入冷凝水,然后开始加热。注意冷水自下而上,蒸气自上而下,两者逆流冷却效果好。当液体沸腾,蒸气到达水银球部位时,温度计读数急剧上升,调节热源,让水银球上液滴和蒸气的温度达到平衡,蒸馏速度以每秒 1～2 滴为宜。此时温度计读数就是馏出液的沸点。

蒸馏时若热源温度太高,使蒸气成为过热蒸气,造成温度计所显示的沸点偏高;若热源温度太低,馏出物蒸气不能充分浸润温度计水银球,会造成温度计读得的沸点偏低或不规则。

(3) 收集馏出液　准备两个接收瓶,一个接收前馏分,另一个(需干燥称重)接收所需馏分。当温度计上升至 77℃时,换一个已称重的干燥的 50 mL 圆底烧瓶为接收瓶,收集 77～79℃的馏分。当蒸馏瓶内只剩下少量液体时,若维持原来的加热速度,温度计读数会突然下降,此时即可停止蒸馏,不能将蒸馏瓶内液体蒸干,以免蒸馏瓶破裂或发生其他意外事故。称量收集馏分的质量或量其体积,计算回收率,并记录常压蒸馏时馏出液的沸点。

(4) 拆除蒸馏装置　蒸馏完毕,应先撤出热源,然后停止通水,最后拆除蒸馏装置(与安装顺序相反)。

2.7.6　注意事项

(1) 安装装置时,要保证整个装置的严密性,但接液管与接收器之间不能密封。

(2) 温度计水银球的上沿与蒸馏烧瓶支管口的下沿在同一水平线上。

(3) 蒸馏烧瓶内的液体体积应占整个蒸馏烧瓶容积的 1/3～2/3,不能太多,也不能过少。

(4) 加热前一定要加沸石等止暴剂。

(5) 加热前一定要先通冷凝水,冷凝水应是“下进上出”;实验完毕,应先撤去热源,等温度稍微冷却后再停止通水。

(6) 蒸馏速度的控制十分重要,不应太快或太慢。在蒸馏过程中,应始终保持温度计水银球上有一稳定的液滴,这是气、液两相平衡的象征。这时,温度计的读数便能代表液体的沸点。

2.7.7 思考题

(1) 什么叫沸点?液体的沸点和大气压有什么关系?

(2) 蒸馏时加入沸石的作用是什么?如果蒸馏前忘记加沸石,能否立即将沸石加至将近沸腾的液体中?当重新蒸馏时,用过的沸石能否继续使用?

(3) 为什么蒸馏时最好控制馏出液的速度为每秒1~2滴?

(4) 如果液体具有恒定的沸点,那么能否认为它是纯净物?

2.8 减压蒸馏

2.8.1 实验目的

(1) 了解减压蒸馏的原理和应用范围。

(2) 认识减压蒸馏的主要仪器设备,熟悉它们的作用。

(3) 掌握减压蒸馏仪器的安装和操作程序。

2.8.2 实验原理

在较低的压力下进行蒸馏的操作被称为减压蒸馏,是分离、提纯有机物的常用方法之一。它特别适用于在常压下沸点较高及常压蒸馏时易发生分解、氧化、聚合等反应的热敏性有机化合物的分离提纯。一般把低于一个大气压的气态空间称为真空,因此,减压蒸馏也被称为真空蒸馏。

2.8.2.1 基本原理

液体的沸点与外界施加于液体表面的压力有关,随着外界施加于液体表面压力的降低,液体沸点下降。沸点与压力的关系可近似地表示为:

$$\lg p = A + \frac{B}{T}$$

式中,p 为液体表面的蒸气压;T 为溶液沸腾时的热力学温度;A 和 B 为常数。

如果用 $\lg p$ 作纵坐标,$1/T$ 为横坐标,可近似得到一条直线。因此可以从两组已知的压力和温度,算出 A 和 B 的数值,再将所选择的压力代入上式,即可求出液体在这个压力下的沸点。压力对沸点的影响还可以做如下估算。

(1) 压力降低到2.67 kPa(20 mmHg),大多数有机化合物的沸点比常压[0.1 MPa(760 mmHg)]的沸点低100～120℃。

(2) 压力在1.33～3.33 kPa(10～25 mmHg)之间,大体上压力每相差0.133 kPa(1 mmHg),沸点约相差1℃。

(3) 压力在3.33 kPa(25 mmHg)以下,压力每降低一半,沸点下降约10℃。

对于具体某个化合物减压到一定程度后其沸点是多少,可以查阅有关资料,但更重要的是通过实验来确定。表2-8给出了一些有机化合物压力和沸点的关系。

表2-8　某些有机化合物压力和沸点的关系

化合物 / 沸点/℃ / 压力/mmHg	水	氯苯	苯甲醛	水杨酸乙酯	甘油	蒽
760	100	132	179	234	290	354
50	38	132	95	139	204	225
30	30	54	84	127	192	207
25	26	43	79	124	188	201
20	22	39	75	119	182	194
15	17.5	34.5	69	113	175	186
10	11	29	62	105	167	175
5	1	22	50	95	156	159

注:1 mmHg=0.133 kPa。

2.8.2.2　减压蒸馏装置

常用的减压蒸馏系统可分为蒸馏、抽气(减压)、安全及测压系统三部分。减压蒸馏装置如图2-24所示。整套仪器必须装配严密,所有接头润滑并密封,防止漏气,这是保证减压蒸馏顺利进行的先决条件。

(1) 蒸馏部分

这一部分与普通蒸馏相似,亦可分为三个组成部分。

① 减压蒸馏瓶(又称克氏蒸馏瓶,也可用圆底烧瓶和克氏蒸馏头代替)有两个颈,其目的是为了避免减压蒸馏时瓶内液体由于沸腾而冲入冷凝管中,瓶的一个颈中插入温度计,另一颈中插入一根距瓶底约1～2 mm、末端拉成毛细管的玻璃管。毛细管的上端连有一段带螺旋夹的橡皮管,螺旋夹用来调节进入空气的量,使极少量的空气进入液体,呈微小气泡冒出,作为液体沸腾的气化中心,既使蒸馏平稳进行,又起搅拌作用。

② 冷凝管和普通蒸馏相同。

③ 接液管(尾接管)和普通蒸馏不同的是,接液管上具有可供接抽气装置的小支管。蒸馏时,若要收集不同的馏分而又不中断蒸馏过程,则可用两尾或多尾接液管。转动多尾接液管,就可使不同的馏分进入指定的接收器中。

应根据减压时馏出液的沸点选用合适的热浴和冷凝管。一般使用热浴的温度比液体沸点高20～30℃。为使加热温度均匀平稳,减压蒸馏中常选用水浴或油浴。

(2) 减压部分

实验室通常用水泵或油泵进行减压。

水泵(或循环水真空泵):所能达到的最低压力为当时室温下水蒸气的压力。若水温为6～8℃,水蒸气压力为0.93～1.07 kPa;在夏天,若水温为30℃,则水蒸气压力为4.2 kPa。

油泵:油泵的效能决定于油泵的机械结构及真空泵油的好坏。好的油泵能抽至真空度为13.3 Pa。油泵结构较精密,工作条件要求较严。蒸馏时,如果有挥发性的有机溶剂、水或酸的蒸气,都会损坏油泵并降低其真空度。因此,使用时必须十分注意油泵的保护。

如果能用水泵减压蒸馏的物质则尽量使用水泵,否则非但自寻麻烦,而且容易导致成品损失,甚至损坏减压泵(沸点降低易被抽走或抽入减压泵中)。

为了方便,通常把真空度划分为几个等级。

① 低真空[0.1 MPa(760 mmHg)～1.33 kPa(10 mmHg)]:一般可以从水泵获得。

② 中度真空[1.33×10^{-2}～1.33 kPa (10^{-3}～10 mmHg]:可由油泵获得。

③ 高真空[1.33×10^{-7}～1.33×10^{-2} kPa(10^{-8}～10^{-3} mmHg]:常采用机械泵与扩散泵串联抽气获得。

(3) 安全及测压部分

如图2-24(1)所示,使用水泵减压时,必须在馏液接收器B与水泵之间装上安全瓶E,安全瓶可由耐压的抽滤瓶或其他广口瓶装置而成,瓶上的两通活塞G供调节系统内压力及防止水压骤然下降时,水泵的水倒吸入接收器中。

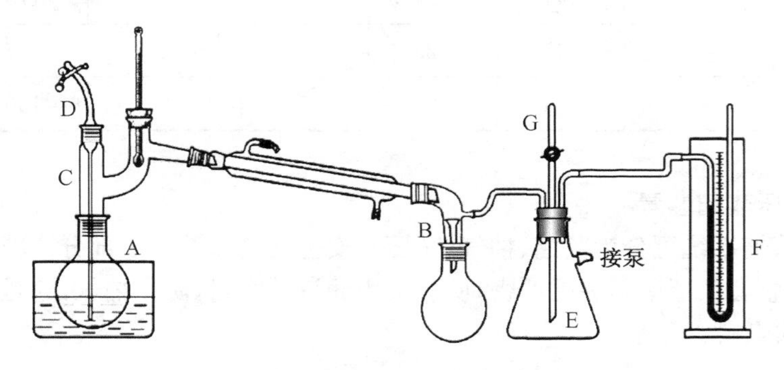

(1) 连接水泵的减压蒸馏装置

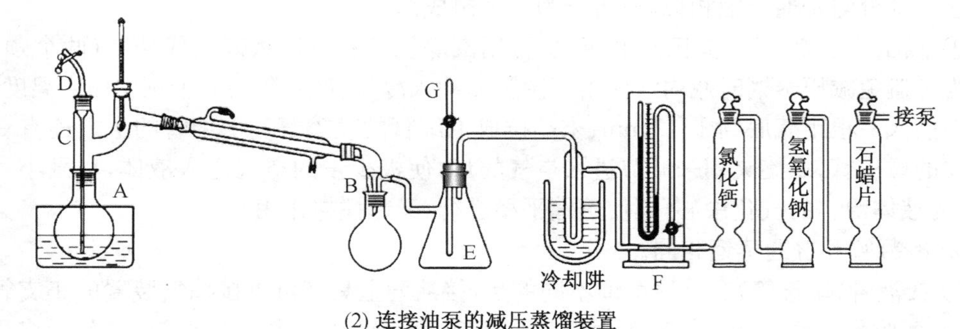

(2) 连接油泵的减压蒸馏装置

图2-24 减压蒸馏装置

A—蒸馏瓶;B—接收器;C—克氏蒸馏头;D—螺旋夹;E—安全瓶;F—压力计;G—两通活塞

若用油泵减压时，如图2-24(2)所示，油泵与接收器之间除连接安全瓶外，还需顺次安装冷却阱和几种吸收塔，以防止易挥发的有机溶剂、酸性气体和水蒸气进入油泵，污染泵油，腐蚀机体，降低油泵减压效能。冷却阱置于盛有冷却剂的广口保温瓶中，用以除去易挥发的有机溶剂，防止其进入后面的干燥系统或油泵中。冷却阱中冷却剂的选择可根据需要而定。例如可用冰-水、冰-盐、干冰、丙酮和液氮等冷却剂。吸收塔(又称干燥塔)，其作用是吸收对真空泵有损害的各种气体或蒸气，借以保护减压设备。吸收装置通常设三个：第一个装无水氯化钙或硅胶，吸收水汽；第二个装粒状 NaOH，吸酸性气体；第三个装切片石蜡，吸烃类气体。

测压计的作用是指示减压蒸馏系统内的压力，实验室测压一般用水银压力计或压力表，也可用带有压力表的循环水泵直接测得。

(4) 减压蒸馏操作

① 如图2-24所示，安装好仪器(注意安装顺序)。检查装置是否漏气，方法是旋紧毛细管上的螺旋夹D，打开安全瓶上的二通活塞G，旋开水银压力计的活塞，然后开泵抽气(如用水泵，这时应开至最大流量)。逐渐关闭G，待压力稳定后，观察压力计(表)上的读数是否到了最小或所要求的真空度。如果没有，说明系统内漏气，应进行检查。检查方法是：首先将真空接引管与安全瓶连接处的橡胶管折起来用手捏紧，观察压力计(表)的变化，如果压力马上下降，说明蒸馏系统内有漏气点，应进一步检查装置，排除漏气点；如果压力不变，说明自安全瓶以后的系统漏气，应依次检查安全瓶和泵，并加以排除。漏气点排除后，应再重新空试，直至压力稳定并且达到所要求的真空度时，方可进行后面的操作。

② 将待蒸馏液装入蒸馏烧瓶中，以不超过其容积的1/2为宜。按上述操作方法开泵减压，通过小心调节安全瓶上的二通活塞G达到实验所需真空度。调节螺旋夹D，使蒸馏瓶内液体中有连续平稳的小气泡通过。如果气泡太大已冲入克氏蒸馏头的支管，则可能有两种情况：一是进气量太大，二是真空度太低。此时，应调节毛细管上的螺旋夹D使其平稳进气。当调节到所需真空度时，将蒸馏烧瓶浸入水浴或油浴中，通入冷凝水，开始加热蒸馏。加热时，蒸馏烧瓶的圆球部分至少应有2/3浸入热浴中。待液体开始沸腾时，调节热源的温度，控制馏出速度为每秒1～2滴。

在整个蒸馏过程中要密切注意温度和压力的读数，并及时记录。纯物质的沸点范围一般不超过1～2℃，但有时因压力有所变化，沸程会稍长一点。

③ 蒸馏完毕，应先移去热源，待稍冷后，稍稍旋松螺旋夹D，缓慢打开安全瓶上的活塞G解除真空，使压力计(表)恢复到零位，方可关闭减压泵。否则由于系统中压力低，会发生油或水倒吸向安全瓶或冷阱的现象。

为了保护油泵系统和泵中的油，使用油泵进行减压蒸馏前，应将低沸点的物质先用简单蒸馏的方法去除，必要时可先用水泵进行减压蒸馏。

本实验采用循环水真空泵测定不同压力下水的沸点。

2.8.3　实验仪器和药品

仪器：电热套，螺旋夹，克氏蒸馏头，温度计(150℃)，直形冷凝管，真空接液管，50 mL圆底烧瓶，50 mL量筒，减压毛细管，真空橡皮管，循环水真空泵。

药品：水。

2.8.4 实验步骤

(1) 参照图2-24(1)安装好减压蒸馏装置后，检查气密性。

(2) 用量筒量取30 mL蒸馏水加至蒸馏瓶内。

(3) 打开螺旋夹，启动循环水真空泵。

(4) 分别调节负压至0.03 MPa、0.02 MPa、0.01 MPa，计算系统内压力 $p_{系}=p_{气}-p_{负}$。

(5) 加热，测量水的沸点。

(6) 停止加热，打开毛细管夹、缓冲瓶夹(除真空)之后，停泵。

(7) 将系统改为常压蒸馏，测定水的沸点。

2.8.5 注意事项

(1) 减压蒸馏系统中切勿使用薄壁或有裂缝的玻璃仪器，尤其不能使用不耐压的平底瓶，如锥形瓶，以防炸裂。

(2) 减压蒸馏装置应严密不漏气。

(3) 液体样品不得超过容器容积的1/2。

(4) 先恒定真空度再加热。

(5) 开泵与关泵前，安全瓶活塞一定要与大气相通。

(6) 沸点低于150℃的有机液体不能用油泵减压。

2.8.6 思考题

(1) 在什么情况下才用减压蒸馏？

(2) 使用油泵减压时，需有哪些吸收和保护装置？其作用分别是什么？

(3) 水泵的减压效果如何，为什么？

(4) 为什么进行减压蒸馏时必须先抽真空才能加热？

(5) 当减压蒸馏完所要的物质后，应如何停止蒸馏？为什么？

2.9 水蒸气蒸馏

2.9.1 实验目的

(1) 了解水蒸气蒸馏的基本原理、使用范围和被蒸馏物应具备的条件。

(2) 熟练掌握常量水蒸气蒸馏仪器的组装和操作方法。

2.9.2　实验原理

当与水互不相溶有机物与水混合共热时，根据道尔顿(Dalton)分压定律，整个体系的蒸气压 p 应为各组分蒸气压之和，即 $p_{混合物}=p_{水}+p_{有机物}$。当混合物中各组分蒸气压总和等于外界大气压时，液体沸腾，这时的温度被称为该混合物的沸点。显然，混合物的沸点比其中任何单一组的沸点都低。因此，在常压下应用水蒸气蒸馏，就能在低于100℃的情况下将高沸点组分与水一起蒸出来。

将水蒸气通入不溶于水的有机化合物中或使有机化合物与水共沸而蒸出，这个操作过程被称为水蒸气蒸馏(Steam Distillation)。水蒸气蒸馏是用来分离和提纯液态或固态有机化合物的一种方法，常用在下列几种情况。

(1) 在常压下蒸馏易发生分解的高沸点有机化合物；

(2) 混合物中含有大量树脂状或不挥发性杂质，采取蒸馏、萃取等方法都难以分离；

(3) 从较多固体反应物中分离出被吸附的液体。

被提纯的有机物必须具备下列条件。

(1) 不溶或难溶于水；

(2) 共沸腾下与水不发生化学反应；

(3) 在100℃左右时，具有一定的蒸气压，至少在666.5～1 333 Pa(5～10 mmHg)。

蒸馏过程中，水和有机物一起被蒸出，蒸出的混合物蒸气中两种气体物质的量之比($n_A:n_B$)等于它们的分压之比($p_A:p_B$)，即 $\frac{n_A}{n_B}=\frac{p_A}{p_B}$。

将 $n_A=m_A/M_A$ 和 $n_B=m_B/M_B$ 代入上式得

$$\frac{m_A}{m_B}=\frac{p_AM_A}{p_BM_B}$$

式中　m_A，m_B——馏出液中A和B的质量；

M_A，M_B——物质A和B的相对分子质量。

因此，馏出液中有机物与水的质量(m_A 和 m_{H_2O})之比可按下式计算：

$$\frac{m_A}{m_{H_2O}}=\frac{p_AM_A}{p_{H_2O}M_{H_2O}}$$

水具有低的相对分子质量和较大的蒸气压，它们的乘积 $p_A\cdot M_A$ 是小的，这样就有可能来分离具有较高相对分子质量和较低蒸气压的物质。

例如：1-辛醇进行水蒸气蒸馏时，1-辛醇与水的混合物在99.4℃时沸腾。通过查阅手册得知，1-辛醇的沸点为195.0℃，1-辛醇的相对分子质量为130，纯水在99.4℃的蒸气压为99.18 kPa(744 mmHg)。按分压定律，水的蒸气压与1-辛醇的蒸气压之和等于101.31 kPa(760 mmHg)。因此，1-辛醇在99.4℃的蒸气压为2.13 kPa (16 mmHg)，故有

$$\frac{m_A}{m_{H_2O}}=\frac{2.13\times10^3\times130}{99.18\times10^3\times18}\approx0.16$$

即每蒸出1 g水便有0.16 g 1-辛醇被蒸出。因此，馏出液中1-辛醇的质量分数为

14%,水的质量分数为86%。这个数值为理论值,因为实验时有相当一部分水蒸气来不及与被蒸馏的物质充分接触便离开反应瓶,所以实验蒸出的水量往往超过计算值,故计算值仅供参考。

2.9.3 实验仪器和药品

仪器:500 mL 圆底烧瓶,50 mL 水蒸气蒸馏器(长颈圆底烧瓶),T 形管,弹簧夹,乳胶管,可控电热套,凡士林,橡胶塞(或软木塞),直形冷凝管,接收器,锥形瓶(50 mL),分液漏斗,玻璃管。

药品:1-辛醇或苯胺。

2.9.4 实验装置图

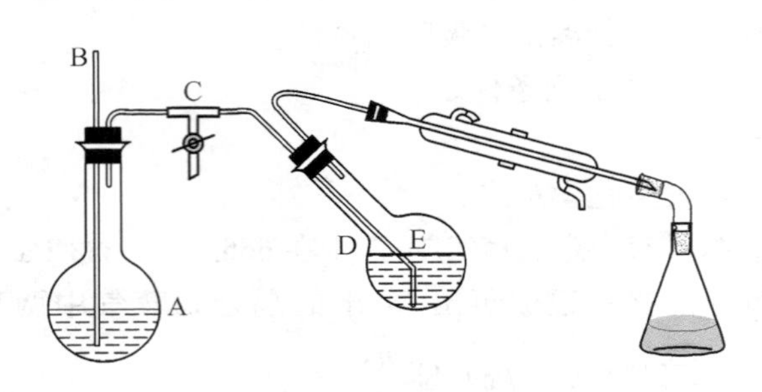

图 2-25 水蒸气蒸馏装置

2.9.5 实验步骤

在 500 mL 蒸馏烧瓶(A)中加入为其容积 1/2 的水(作为水蒸气发生器),在 50 mL 水蒸气蒸馏器(D)中加入 2.5 mL 辛醇(或者 5 mL 苯胺)及 5 mL 热水(如水不够,可续加水至水蒸气蒸馏器中的支管(E)底部浸没到液面之下),按水蒸气蒸馏装置图(如图 2-25 所示)连接好装置。夹上弹簧夹,检查整个装置不漏气后,打开 T 形管(C)的弹簧夹,连通冷却水,加热水蒸气发生器使水沸腾,当有大量水蒸气从 T 形管支口喷出时,将 T 形管的弹簧夹夹紧,使水蒸气通入蒸馏烧瓶(D)。这时烧瓶内的混合物翻腾不息,不久有机化合物和水的混合物蒸气经冷凝管迅速凝成乳浊液流入接收瓶。调节火焰,控制馏出速度为每秒 2~3 滴。当馏出液清亮透明、不含油状物时,即可停止蒸馏。先打开 T 形管支口的弹簧夹,然后停止加热。将收集液转入分液漏斗,静置分层,除去水层,收集有机相,量取体积,然后计算回收率。

2.9.6 注意事项

(1) 安全管(B)要插入水蒸气发生器底部,距底部约 1~2 cm。发生器中水位一般不要超过其容积的2/3，最低不要低于其容积的1/3。如果水装得太多，沸腾时水将会冲入蒸馏烧瓶中。发生器内要加入数粒沸石。

(2) 被蒸馏液体的体积不应超过蒸馏烧瓶容积的1/3。

(3) 水蒸气发生器与烧瓶之间的连接管路应尽可能短，以减少水蒸气导入过程中的热损耗。导入水蒸气的玻璃管应尽量接近蒸馏烧瓶底部，以提高蒸馏效率。

(4) 在蒸馏过程中，必须注意安全管中水位是否正常，有无倒吸现象。如果管内水柱出现不正常上升，说明蒸馏系统内压增高，可能系统内发生堵塞。应立即打开T形管的螺旋夹，停止加热，找出原因，待排除故障后方可继续蒸馏。当蒸馏瓶内的压力大于水蒸气发生器内的压力时，会发生液体倒吸现象。

(5) 停止蒸馏时，一定要先打开T形管的螺旋夹，然后停止加热。如果先停止加热，水蒸气发生器因冷却而产生负压，会使烧瓶内的混合物发生倒吸。

(6) 为避免水蒸气在蒸馏烧瓶中冷凝过多而增加混合物的体积，在通水蒸气时，可在蒸馏烧瓶下用小火加热。

(7) 如果随水蒸气蒸发馏出的物质熔点较高，在冷凝管中易凝成固体堵塞冷凝管，可考虑改用空气冷凝管。

2.9.7 思考题

(1) 什么是水蒸气蒸馏？水蒸气蒸馏的原理是什么？水蒸气蒸馏的意义是什么？

(2) 用水蒸气蒸馏来分离或提纯的化合物应具备哪些条件？酯类、酸酐、酰氯、醋酸和邻硝基苯酚(固体)可否进行水蒸气蒸馏？为什么？

(3) 水蒸气蒸馏时馏出液中水的含量总是高于理论值，为什么？

(4) 用常量水蒸气蒸馏法进行水蒸气蒸馏时，水蒸气导入管的末端为什么要插入接近容器的底部？水蒸气蒸馏过程中经常要检查什么事项？若安全管中水位上升很高，说明什么问题？如何解决？

2.10 分 馏

2.10.1 实验目的

(1) 了解分馏的原理及其应用。

(2) 学习并掌握实验室常用的简单分馏操作。

2.10.2 实验原理

简单蒸馏能分离两种或两种以上沸点相差较大(大于30℃)的液体混合物。而分馏使沸点相近的液体化合物的蒸气在分馏柱内进行多次气化和冷凝，从而可以把沸点相差1～

2℃ 的液体混合物分离开来。

2.10.2.1 基本原理

分馏实际上是沸腾混合液体的蒸气通过分馏柱进行一系列热交换的过程。混合物热蒸气在上升过程中由于柱外空气的冷却，热蒸气中高沸点组分就先释放出热量冷却为液体而下降，回流入烧瓶中，而低沸点组分吸收热量继续上升，故上升的蒸气中含低沸点的组分就相对增加了，当冷凝液回流途中遇到上升的蒸气，两者之间又进行热交换，上升的蒸气中高沸点的组分又被冷凝，低沸点的组分仍上升，上升蒸气中易挥发的组分又增加了，如此在分馏柱内反复进行着气化—冷凝—回流等程序，当分馏柱的效率相当高且操作正确时，顶部的蒸气就接近于低沸点组分，从而与高沸点组分分离开来。

为了简化，我们仅讨论混合物是二元组分理想溶液的情况，所谓理想溶液就是各组分在混合时无热效应产生，体积没有改变，遵守拉乌尔定律的溶液。这时，溶液中每一组分的蒸气压等于此纯物质的蒸气压和它在溶液中的摩尔分数的乘积，亦即

$$p_A = p_A^\circ x_A^l$$
$$p_B = p_B^\circ x_B^l$$

式中，p_A 和 p_B 分别为溶液中 A 和 B 组分的分压；p_A°、p_B°分别为纯 A 和纯 B 的蒸气压；x_A^l 和 x_B^l 分别为组分 A 和组分 B 在溶液中的摩尔分数。

溶液的总蒸气压 $p = p_A + p_B$

根据道尔顿分压定律，气相中每一组分的蒸气压与它的摩尔分数成正比。因此在气相中各组分蒸气的摩尔分数为

$$x_A^g = \frac{p_A}{p_A + p_B} \qquad x_B^g = \frac{p_B}{p_A + p_B}$$

由上式推知，组分 B 在气相和溶液中的相对浓度为

$$\frac{x_B^g}{x_B^l} = \frac{p_B}{p_A + p_B} \times \frac{p_B^\circ}{p_0} = \frac{1}{x_B^l + x_A^l \times \dfrac{p_A^\circ}{p_B^\circ}}$$

因为在溶液中 $x_A^l + x_B^l = 1$，所以若 $p_A^\circ = p_B^\circ$，则 $x_B^g/x_B^l = 1$，表明这时液相的成分和气相的成分完全相同，这样的 A 和 B 就不能用蒸馏或分馏来分离。

如果 $p_B^\circ > p_A^\circ$，则 $x_B^g/x_B^l > 1$，这表明沸点较低的 B 在气相中的浓度较在液相中为大（$p_A^\circ > p_B^\circ$时，也可做类似的讨论），将蒸馏的蒸气冷凝后得到的液体中，B 的组分比在原来的液体中多。如果将所得的液体再进行第二次蒸馏，在它的蒸气经冷凝后的液体中，易挥发的组分又将增加。如此多次反复，最终就能将这两个组分分开（凡形成共沸点混合物者不在此例）。所以，分馏就是借助于分馏柱来实现这种多次重复的蒸馏过程。

了解分馏原理最好是应用恒压下的沸点-组成曲线图（也称相图，表示这两组分体系中相的变化情况）。通常是通过实验测定在各温度时气液平衡状况下的气相和液相的组成，然后以横坐标表示组成 x（摩尔分数），纵坐标表示温度 T 而作出的（如果是理想溶液，则可直接计算作出）。从大气压下苯-甲苯体系的沸点-组成图（图 2-26）可以看出，由苯 20%和

甲苯 80%组成的液体（L_1）在 102℃ 时沸腾，与此液相平衡的蒸气（V_1）组成约为苯 40%和甲苯 60%。若将此组成的蒸气冷凝成同组成的液体（L_2），则与此溶液成平衡的蒸气（V_2）组成约为苯 60%和甲苯 40%。显然，如此重复，即可获得接近纯苯的气相。

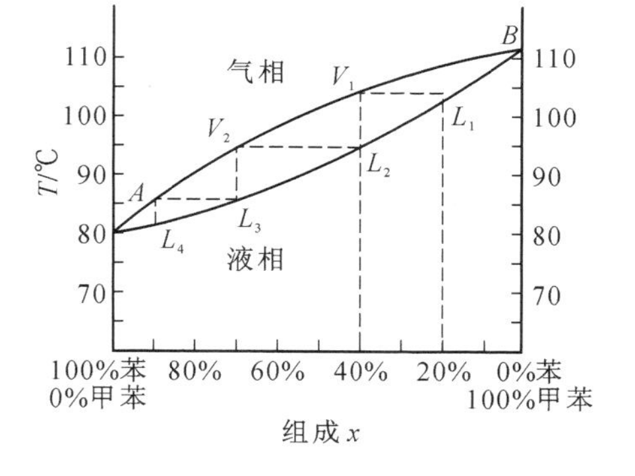

图 2-26　苯-甲苯体系的沸点-组成图

影响分离效率的因素除混合物的本性外，主要有以下三点。

① 分馏柱效率：即理论塔板数，一块理论塔板相当于一次普通蒸馏的效果。

② 回流比：单位时间内，由柱顶冷凝返回柱中液体的质量与收集到的馏出液的质量之比被称为回流比。回流比越大，分馏效率越高。但回流比太高，则收集的液体量少，分馏速度慢。所以要选择适当的回流比，在实验室中一般选用回流比为理论塔板数的 1/10～1/5。

③ 柱的保温：柱散热会破坏热平衡，因此柱要保温。

2.10.2.2　简单分馏装置

分馏装置与简单蒸馏装置类似，不同之处是在蒸馏瓶与蒸馏头之间加了一根分馏柱，如图 2-27 所示。分馏柱的种类很多，如图 2-28 所示，实验室常用韦氏分馏柱，半微量实验一般用填料柱，即在一根玻璃管内填上惰性材料，如玻璃、陶瓷或螺旋形、马鞍形的金属小片。

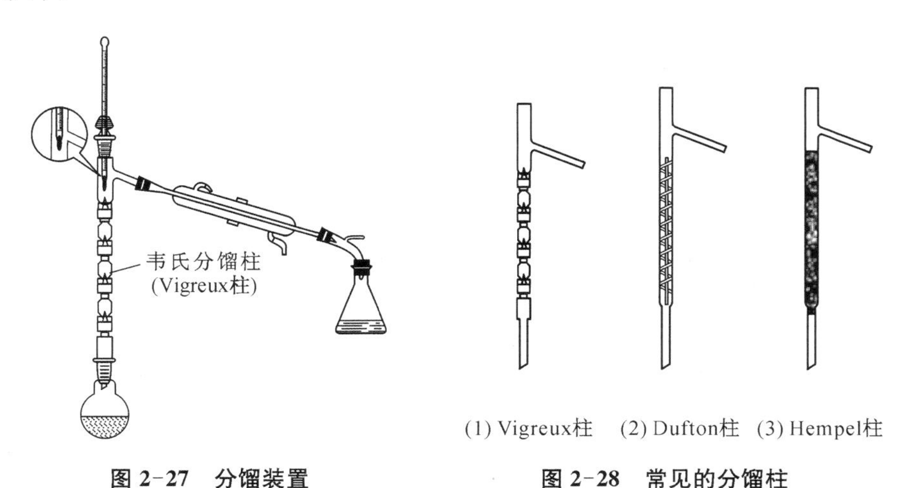

图 2-27　分馏装置　　　　图 2-28　常见的分馏柱

2.10.2.3　简单分馏操作

简单分馏操作和蒸馏大致相同，仪器装置如图 2-27 所示，将待分馏的混合物加入蒸馏烧瓶中，加入 2～3 粒沸石，按分馏装置图组装好仪器；柱的外围可用石棉布包裹，这样可减少柱内热量的散发，减少空气流动的影响。液体沸腾后要注意调节温度，使蒸气慢慢升入分馏柱。当蒸气上升至柱顶时，温度计水银球即出现液滴。调节加热温度使蒸出液体的速度控制在每 2～3 秒 1 滴，这样可以得到比较好的分馏效果，待低沸点组分蒸完后，再渐渐升高温度。当第二种组分蒸出时会使温度计温度迅速上升。这样，按各组分的沸点依次分馏出各组分。

2.10.3 实验仪器和药品

仪器：圆底烧瓶（100 mL），锥形瓶，量筒，韦氏分馏柱，蒸馏头，温度计，直形冷凝管，沸石，电热套。

药品：甲醇，水，石蜡油。

2.10.4 实验步骤

在 100 mL 圆底烧瓶中，加入 25 mL 甲醇和 25 mL 水的混合物，加入几粒沸石，准备几个锥形瓶作接收瓶（注明 A、B、C、D、E），按图 2-27 装好分馏装置。用油浴加热，开始用小火，以使加热均匀，防止过热。当液体开始沸腾时，即可看到蒸汽沿分馏柱慢慢上升，待其停止上升后，调节电压，提高温度，使蒸气上升到分馏柱顶部，开始有馏出液流出，记下第一滴馏出液落到接收瓶时的温度，此时更应该控制加热速度，使馏出液以每 2～3 秒 1 滴的速度蒸出。当柱顶温度维持在 65℃时，约收集 10 mL 馏出液（A）。随着温度上升，分别收集 65～70℃（B），70～80℃（C），80～90℃（D），90～95℃（E）的馏分。90～95℃的馏分很少，瓶内所剩为残留液。将不同馏分分别量出体积，以馏出液体积为横坐标，温度为纵坐标，绘制分馏曲线。

2.10.5 注意事项

（1）分馏一定要缓慢进行，控制好蒸馏速度为每 2～3 秒 1 滴，这样可以得到比较好的分馏效果。分馏前加沸石，加热前先通水，注意防火。

（2）一般情况下，保持分馏柱内温度梯度是通过调节馏出液速度来实现的，若加热速度快，蒸出速度也快，柱内温度梯度变化小，影响分离效果；若加热速度太慢，会使柱身被冷凝液堵塞，产生液泛现象，即上升蒸气把液体冲入冷凝管中。

（3）必须尽量减少分馏柱的热量损失和波动。必要时在分馏柱外面包一层保温材料，这样可以减少柱内热量的散发，减少风和室温的影响，使加热均匀，分馏操作平稳地进行。

2.10.6 思考题

（1）若加热太快，馏出液的速度超过每 2～3 秒 1 滴，用分馏法分离两种液体的能力会显著下降，为什么？

（2）用分馏法提纯液体时，为了取得较好的分离效果，为什么分馏柱必须保持回流？

（3）在分离两种沸点相近的液体时，为什么装有填料的分馏柱比不装填料的效率高？

（4）在分馏时通常用水浴或油浴加热，比直接用火加热有什么优点？

2.11 薄层色谱

2.11.1 实验目的

(1) 初步掌握薄层色谱法的原理及操作。
(2) 学会用薄层色谱法来分离鉴定有机化合物及跟踪有机反应。

2.11.2 实验原理

薄层色谱(Thin Layer Chromatography),又称薄层层析,常用 TLC 表示,属于固-液吸附色谱,是一种微量、快速而简单的色谱法,它兼备了柱色谱和纸色谱的优点。最典型的薄层色谱是在玻璃板上均匀铺一层硅胶,制成薄层板;用毛细管将样品溶液点于接近薄层板一端处,然后将其置入特定的溶剂中进行展开;因为该层析过程是在薄层板上进行的,因此叫做薄层层析。

由于各种化合物的极性不同,吸附能力有差异,因此展开时各物质在薄层板上移动的快慢不同,从而可将其分开。移动的快慢可用比移值(R_f)表示。

$$R_f = \frac{溶质移动的距离}{展开剂移动的距离} = \frac{a}{b}$$

化合物的吸附能力与它们的极性成正比,具有较大极性的化合物吸附较强,因此 R_f值较小。在给定的条件下(如吸附剂、展开剂、板层厚度等),化合物移动的距离和展开剂移动的距离之比是一定的,即 R_f值是化合物的物理常数,其大小只与化合物本身的结构有关,因此可以根据 R_f值鉴别化合物。

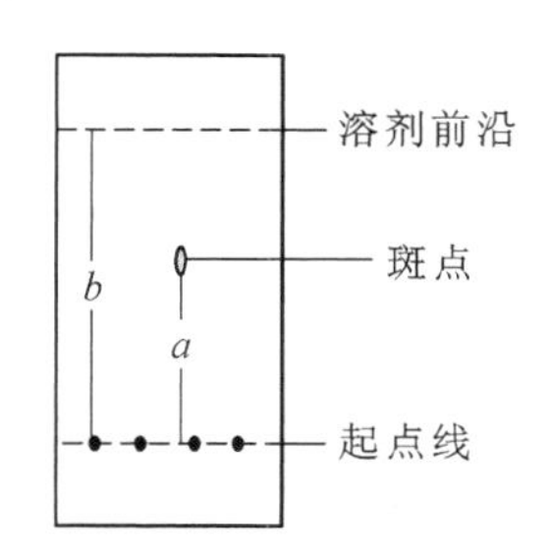

图 2-29 薄层板展开示意图

薄层色谱一方面适用于小量样品(几到几十微克,甚至 0.01 μg)的分离;另一方面若在制作薄层板时,把吸附层加厚,将样品点成一条线,则可分离多达 500 mg 的样品,因此又可用来精制样品。故此法特别适用于挥发性较小或在较高温度易发生变化而不能用气相色谱分析的物质。此外,在进行化学反应时,常利用薄层色谱观察原料斑点的逐步消失来判断反应是否完成,及进行柱色谱之前的一种“预试”。

薄层吸附色谱的吸附剂最常用的是硅胶和氧化铝。常用的黏合剂有羧甲基纤维素钠(CMC)、煅石膏($CaSO_4 \cdot H_2O$)、淀粉等。

薄层色谱用的硅胶分为:硅胶 H——不含黏合剂和其他添加剂;硅胶 G——含煅石膏黏合剂;硅胶 HF254——含荧光物质,可于波长为 254 nm 的紫外光下观察荧光;硅胶 GF254——既含煅石膏又含荧光剂等类型。其颗粒大小一般为 260 目以上,颗粒太大,展开剂移动速度快,分离效果不好;反之,颗粒太小,溶剂移动太慢,斑点不集中,效果也不理想。

氧化铝也因含黏合剂或荧光剂而分为氧化铝 G、氧化铝 GF_{254} 及氧化铝 HF_{254}。

色谱用氧化铝有碱性、中性和酸性三种。

碱性氧化铝(pH=9～10)适用于碱性和中性化合物的分离。

中性氧化铝(pH=7.5)适用范围广，凡是酸性、碱性氧化铝可以使用的，中性氧化铝也都适用。

酸性氧化铝(pH=4～5)适用于分离酸性化合物。

2.11.3 实验仪器和药品

仪器：载玻片(7.5 cm×2.5 cm)，烘箱，点样毛细管，层析缸，铅笔，直尺。

药品：硅胶 GF_{254}，1%羧甲基纤维素钠的水溶液，1%苏丹红、苏丹黄、偶氮苯的氯仿溶液，展开剂(体积比为 9∶1 的正庚烷与乙酸乙酯)。

2.11.4 实验步骤

2.11.4.1 薄层板的制备(湿板的制备)

薄层板的薄层应尽可能地均匀而且厚度(0.25～0.5 mm)要固定。否则展开时溶剂前沿不齐，色谱结果也不易重复。薄层板可分为软板和硬板，不加黏合剂的薄板称为软板，加黏合剂的薄板叫硬板。一般定性实验常用硬板，主要原料是吸附剂和黏合剂。

吸附剂：最常用于 TLC 的吸附剂为硅胶 G、硅胶 GF_{254}、硅胶 HF_{254}。

黏合剂：一般用羧甲基纤维素钠(CMC)，也有用淀粉的。CMC 为粉末状固体，用时先加水，在水浴上熬成糊状，再配成 0.5%或 1%(质量分数)的水溶液。

薄层板的制备：首先将吸附剂调成糊状，称取约 6 g 硅胶 GF_{254}，加入 6～7 mL 1%的羧甲基纤维素钠水溶液中，调成均匀的糊状物(可铺 7～8 张 7.5 cm×2.5 cm载玻片)。一定要将吸附剂逐渐加入溶剂中，边加边搅拌；如果把溶剂加到吸附剂中，容易产生结块。然后采用简单的平铺法和倾斜法将糊状物涂布在干净的载玻片上，制成薄层板。

(1) 平铺法：可将自制涂布器(如图 2-30 所示)洗净，把干净的载玻片在涂布器中摆好，上下两边各夹一块比载玻片厚 0.25 mm 的玻璃板，在涂布器槽中倒入糊状物，将涂布器自左向右推，即可将糊状物均匀地涂在玻璃板上。

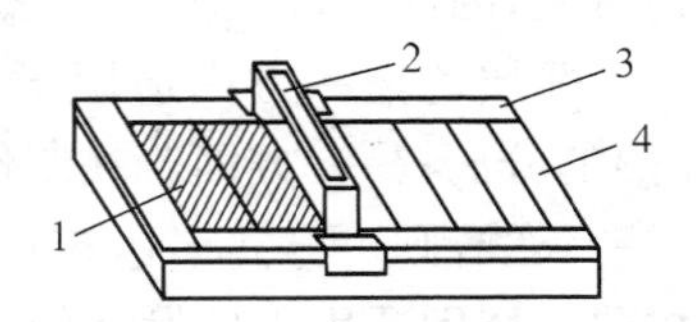

图 2-30 薄层涂布器

1—吸附剂薄层；2—涂布器；3—玻璃夹板；4—玻璃板

(2) 倾斜法：如没有涂布器，则可将调好的糊状物倒在清洁干净的载玻片上，用药匙摊开后，用手摇晃并轻轻敲击载玻片背面，使糊状物在玻璃板上均匀铺开。铺好的薄层板室温放置晾干。

2.11.4.2 薄层板的活化

经室温干燥的薄层板还要活化处理，所谓"活化"就是经高温除去水分，活化条件根据需要而定。硅胶板一般在烘箱中渐渐升温，维持 105～110℃活化 30 min。氧化铝板在 200～220℃烘 4 h 可得活性Ⅱ级的薄板；150～160℃烘 4 h 可得活性Ⅲ～Ⅳ级的薄板。薄层板的活性与含水量有关，其活性随含水量的增加而下降。注意硅胶板活化时温度不能过高，否则硅醇基会相互脱水而失活。活化后的薄层板应放在干燥器内保存。吸附剂的活性等级与含水量的关系如表2-9所示。

表2-9 吸附剂的含水量和活性等级的关系

活性	Ⅰ	Ⅱ	Ⅲ	Ⅳ	Ⅴ
氧化铝含水量/%	0	3	6	10	15
硅胶含水量/%	0	5	15	25	38

注:一般常用的是Ⅱ级和Ⅲ级吸附剂;Ⅰ级吸附性太强,而且易吸水;Ⅳ级吸水性弱;Ⅴ级吸附性太弱。

2.11.4.3 点样

点样用的毛细管为内径小于1 mm的管口平整的毛细管。将样品溶于低沸点的溶剂(如乙醚、丙酮、乙醇、氯仿、苯、四氢呋喃等)配成1%(质量分数)溶液。

如图2-31所示,先用铅笔在距薄层板一端1 cm处轻轻画一横线作为起始线,然后用毛细管吸取样品,在起始线上小心点样,斑点直径一般不超过2 mm。点样时,应注意使点样毛细管垂直与薄层板轻轻接触,不可刺破薄层。若样品溶液太稀,可重复点样,但应待前次点样的溶剂挥发干后方可重新点样,以防样点过大,造成拖尾、扩散等现象,从而影响分离效果。几个点样点必须在同一水平线上,距离不能太近(约为1 cm)。

2.11.4.4 展开

倾斜上行法展开:薄层色谱的展开,需要在密闭容器中进行。在层析缸中加入配好的展开溶剂,使其深度不超过1 cm,盖上盖子让层析缸内蒸气饱和5～10 min。将点好样的薄层板倾斜一定的角度(色谱板倾斜10°～15°,适用于硬板或无黏合剂软板的展开;色谱板倾斜45°～60°,适用于含有黏合剂的色谱板)小心放入层析缸中,点样一端朝下,浸入展开剂中,起始线必须保持在液面之上(如图2-31所示)。盖好盖子,待展开剂前沿上升到一定高度时取出,尽快在板上标出展开剂前沿位置,冷风吹干溶剂。

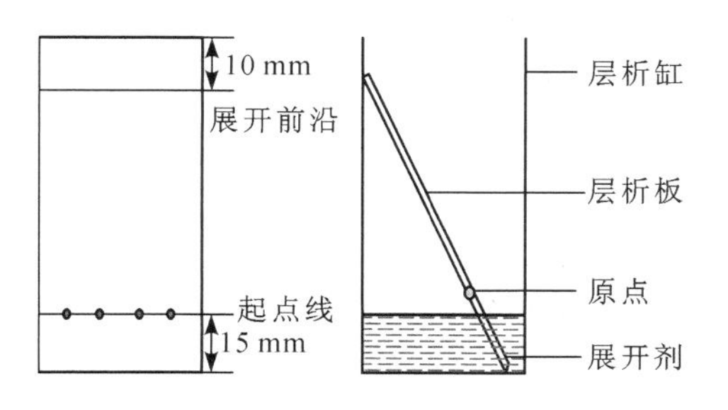

图2-31 薄层点样和展开

下行法展开:用滤纸或纱布等将展开剂吸到薄层板的上端,使展开剂沿板下行,这种展开方法适用于R_f值小的化合物。

化合物在薄板上移动距离的大小取决于所选取的展开剂。但凡溶剂的极性越大,对化合物的洗脱能力也越大,即R_f值也越大。在戊烷和环己烷等非极性溶剂中,大多数极性物质不会移动,但是非极性化合物会在薄板上移动一定的距离。极性溶剂通常会将非极性的化合物推到溶剂的前沿而将极性化合物推离基线(起点线)。一个好的溶剂体系应该使混合物中所有的化合物都离开基线,但并不是使所有化合物都到达溶剂前端。R_f值最好在0.15～0.85之间。最理想的R_f值为0.4～0.5,良好分离的R_f值为0.15～0.75,如果R_f值小于0.15或大于0.75则分离不好,就要更换展开剂重新展开。

选择展开剂时,除参照手册中溶剂的极性来选择外,更多地采用试验的方法,在一块薄层板上进行反复试验来确定。

(1) 若所选展开剂使混合物中所有的组分点都移到了溶剂前沿,此溶剂的极性过强;

(2) 若所选展开剂几乎不能使混合物中的组分点移动,留在了原点上,此溶剂的极性太弱。

当一种溶剂不能很好地展开各组分时，常选择用混合溶剂作为展开剂。先用一种极性较小的溶剂为基础溶剂展开混合物，若展开不好，用极性较大的溶剂与前一溶剂混合，调整极性，再次试验，直到选出合适的展开剂组合。合适的混合展开剂常需多次细心选择才能确定。

一些常用溶剂和它们的相对极性：

甲醇＞乙醇＞异丙醇＞乙氰＞乙酸乙酯＞氯仿＞二氯甲烷＞乙醚＞甲苯＞正己烷、石油醚

强极性溶剂 |←——————中等极性溶剂——————→| 非极性溶剂

2.11.4.5 显色

化合物本身有颜色，可直接观察它的斑点，若本身无色，可采用下述方法。

(1) 紫外灯照射法：主要用于含不饱和键的化合物。如果该物质有荧光，可直接在能发出 254 nm 或 365 nm 波长的紫外灯下观察到斑点。如果化合物本身没有荧光，但在254 nm 或 365 nm 波长处有吸收，可在荧光板的底板上观察到无荧光斑点，用铅笔在薄层板上画出斑点的位置。

(2) 碘蒸气法：可用于所有有机化合物。将已挥发干的薄板，放入碘蒸气饱和的密闭容器中显色，许多物质能与碘生成棕色斑点。显色后立即用铅笔标出斑点的位置。

(3) 碳化法：将碳化试剂，如 50% H_2SO_4、50% H_3PO_4、浓 HNO_3、25%或 70%高氯酸等于薄层上喷雾，加热，出现黑色碳化斑点。使用该法时的黏合剂应该用无机化合物。

(4) 专属显色剂显色法：显色剂专与某些官能团反应，显出颜色或荧光，而揭示出化合物的性质。

2.11.4.6 R_f值的计算

准确找出原点、溶剂前沿及三个样品展开后斑点的中心，分别测量溶剂前沿和样品在薄层板上移动的距离，计算 R_f值。

2.11.5 注意事项

(1) 制备薄层板所用的载玻片必须表面光滑、清洁。若所用薄层板有油污，则有油污的部位会发生吸附剂涂不上去或薄层易剥落的现象。

(2) 薄层板的制备要厚薄均匀，表面平整光洁，无气泡。

(3) 点样时，样点直径应不超过 2 mm，各样点间距 1～1.5 cm。

(4) 用 TLC 跟踪有机反应：在同一块板上点上原料样和反应混合物样(均需配成稀溶液)，按上述方法进行展开和显色，记下原料样的斑点位置和反应混合物样中相应斑点的位置和大小。过一定时间后，再取反应混合物样液点样、展开、显色，如发现反应混合样液中相应于原料的位置处无斑点或斑点变小，则说明反应已经完成或接近完成。依此可跟踪有机化学反应，这一应用在有机合成中很有意义。

2.11.6 思考题

(1) 为什么极性大的组分要用极性较大的溶剂展开？

(2) 如何利用 R_f 值来鉴定化合物?
(3) 展开剂的高度若超过了点样线,对薄层色谱有何影响?

2.12　柱色谱

2.12.1　实验目的

(1) 了解柱色谱分离有机化合物的原理和应用。
(2) 掌握色谱柱装填和洗脱等基本操作方法。

2.12.2　实验原理

柱色谱(Column Chromatography,又称柱上层析)常用的有吸附色谱和分配色谱两类。实验室常用的是吸附色谱,其原理是利用混合物中各组分在固定相上的吸附能力和流动相的解吸能力不同,让混合物随流动相流过固定相,发生多次的吸附和解吸过程,从而使混合物分离成两种或多种单一的组分。吸附色谱常用氧化铝和硅胶作固定相;而分配色谱中以硅胶、硅藻土和纤维素作为支持剂,以吸附较大量的液体作固定相,而支持剂本身不起分离作用。

吸附柱色谱通常在玻璃管中填入表面积很大的多孔性或粉状固体吸附剂。当待分离的混合物溶液流过吸附柱时,各种成分同时被吸附在柱的上端。当洗脱剂流下时,由于不同化合物吸附能力不同,往下洗脱的速度也不同,因而以不同的速度沿柱向下流动形成了不同层次,即溶质在柱中自上而下按对吸附剂的亲和力大小形成若干色带,如图 2-32 所示。再用溶剂洗脱时,已经分开的溶质可以从柱上分别洗出收集;或将柱吸干,挤出后按色带分割开,再用溶剂将各色带中的溶质萃取出来。

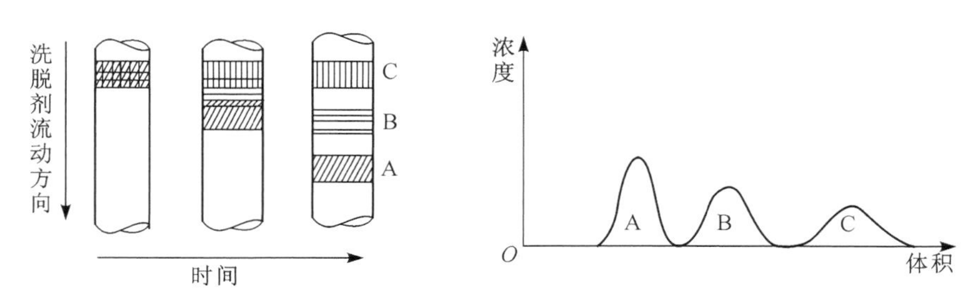

图 2-32　柱色谱分离示意图

2.12.2.1　吸附剂

常用的吸附剂有氧化铝、硅胶、氧化镁、碳酸钙和活性炭等,实验室常用氧化铝、硅胶作吸附剂。吸附剂的选择一般要根据待分离化合物的类型而定。例如硅胶的性能比较温和,属无定形多孔物质,略带酸性,同时硅胶极性相对较小,适合于分离极性较大的化合物,如羧酸、醇、酯、酮、胺等。而氧化铝极性较强,对于弱极性物质具有较强的吸附作用,适合于分离极性较弱的化合物。供柱色谱使用的氧化铝有酸性、中性、碱性三种。酸性氧化铝是用1%盐酸浸泡后，再用蒸馏水洗至氧化铝悬浮液的 pH 为 4，用于分离酸性物质；中性氧化铝，其悬浮液的 pH 为 7.5，用于分离中性物质；碱性氧化铝，其悬浮液的 pH 为 10，用于胺或其他碱性物质的分离。

大多数吸附剂都能强烈地吸水，而且水分易被其他化合物置换，致使吸附剂的活性降低，通常用加热方法使吸附剂活化。氧化铝可根据表面含水量的不同，而分成各种活性等级。活性等级的测定一般采用勃劳克曼(Brockmann)标准测定法(吸附剂的含水量和活性等级的关系见表 2-9)。吸附剂颗粒大小应当均匀，柱色谱用的硅胶颗粒大小一般为 200～300 目，氧化铝颗粒大小一般为 100～150 目，粉末太粗，洗脱剂流速太快，分离效果不好；粉末太细，流速太慢，分离时耗时太长。

2.12.2.2 待分离样品的极性

化合物在吸附剂上的吸附性能与它们的极性成正比，化合物分子中含有极性较大的基团时，吸附性也较强，各种化合物对氧化铝和硅胶的吸附性大致有以下次序：

酸和碱＞醇、胺、硫醇＞酯、醛、酮＞芳香族化合物＞卤代物、醚＞烯＞饱和烃

2.12.2.3 洗脱剂

柱色谱分离中，洗脱剂的选择是一个重要的环节，通常根据被分离物中各化合物的极性、溶解度和吸附剂的活性等来综合考虑。但是必须注意，选择的洗脱剂极性不能大于样品中所有组分的极性，否则样品组分在柱色谱中移动过快，不能建立吸附-洗脱平衡，从而影响分离效果。实际操作时，一般采用薄层色谱反复对比、选择柱色谱的洗脱剂。能在薄层色谱上将样品中各组分完全分开的展开剂，即可用作柱色谱的洗脱剂。在有多种洗脱剂可选择时，一般选择目标组分 R_f 值较大的洗脱剂。一般来说，洗脱剂都需要采用混合溶剂，利用强极性和弱极性溶剂复配而成。

硅胶和氧化铝作吸附剂的柱色谱，洗脱剂的洗脱能力有如下顺序：

正己烷和石油醚＜环己烷＜四氯化碳＜三氯乙烯＜二硫化碳＜甲苯＜苯＜二氯甲烷＜氯仿＜乙醚＜乙酸乙酯＜丙酮＜丙醇＜乙醇＜甲醇＜水＜吡啶＜乙酸

2.12.3 实验仪器及药品

仪器：层析柱，滴液漏斗，接收瓶，抽滤瓶，烧杯，铁架台，小量筒。

药品：活性氧化铝（160～200 目，于 300 ～ 400℃下活化 3 ～ 4 h)，95%乙醇，0.5%甲基橙与亚甲基蓝的乙醇溶液，石英砂，脱脂棉。

2.12.4 实验步骤

2.12.4.1 装柱

实验时选一合适色谱柱(一般柱管的直径为 0.5 ～10 cm，长度为直径的 10～40 倍。填充吸附剂的量约为样品质量的20～50 倍)，吸附剂填充柱容量的 3/4(预留 1/4 空间装溶剂)，洗净干燥后垂直固定在铁架台上，柱子下端放置一接收瓶。

(1) 湿法装柱：称取 10 g 中性氧化铝，用 95%乙醇调成糊状；用镊子取少许脱脂棉放于

干净的色谱柱底部，轻轻塞紧；再在脱脂棉上盖上一层厚 0.5 cm 的石英砂，关闭活塞；向柱中倒入 95%的乙醇至约为柱高的 3/4 处，打开活塞，控制流出速度为每秒 1～2 滴。再将调好的糊状吸附剂从色谱柱上端倒入，同时打开色谱柱下端的活塞，使溶剂慢慢滴入锥形瓶中。在添加吸附剂的过程中，可用木质试管夹或套有橡皮管的玻璃棒绕色谱柱四周轻轻敲打，促使吸附剂均匀沉降并排出气泡。注意敲打色谱柱时，不能只敲打某一部位，否则被敲打一侧吸附剂沉降更紧实，致使洗脱时色谱带跑偏，甚至交错而导致分离失败。另外还需掌握敲打时间，敲打不充分，吸附剂沉降不紧实，各组分洗脱太快分离效果不好；敲打过度，吸附剂沉降过于紧实，洗脱速度太慢而浪费实验时间。一般以洗脱剂流出速度为每分钟 5～10 滴为宜。吸附剂添加完毕，在吸附剂上面覆盖约 0.5 cm 厚的石英砂层。整个添加过程中，应保持溶剂液面始终高于吸附剂层面(见图 2-33)。装柱时要求吸附剂填充均匀，无断层、无缝隙、无气泡，否则会影响洗脱和分离效果。

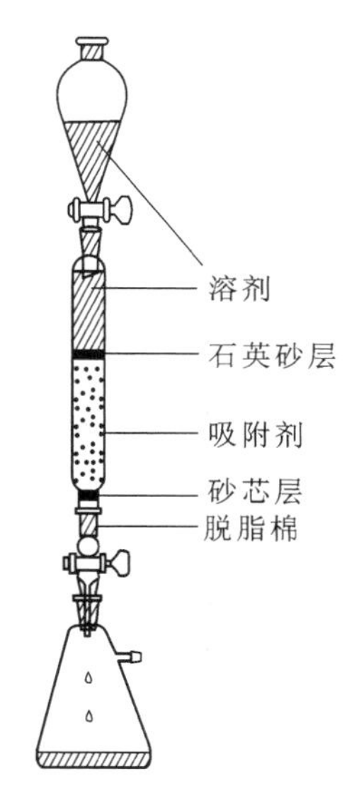

图 2-33 柱色谱装置图

(2) 干法装柱：先在柱子的底部塞一小团脱脂棉，然后用玻璃棒轻轻压紧，注意松紧要适度。然后在棉花上铺一层 0.5 cm 厚的石英砂或加一块比柱内径略小的滤纸片，这样可以防止洗脱过程中吸附剂泄漏。然后通过一干燥的玻璃漏斗慢慢装入固体吸附剂，轻轻敲打柱子使其均匀、紧实，然后加入洗脱剂使吸附剂全部润湿。再轻轻敲打柱子排除气泡，并于吸附剂上面加一层厚约 0.5 cm 的石英砂。

2.12.4.2 加样品

打开层析柱下端活塞，从柱口沿管壁小心加入 95%乙醇溶液(切勿把石英砂表面冲乱)。当柱顶乙醇快干时，立即沿柱壁小心加入 1 mL 甲基橙和亚甲基蓝的乙醇溶液，当此溶液流至接近石英砂层面时，再用少量的洗脱剂将壁上的样品洗下来，如此重复2～3次，直至洗净为止。

2.12.4.3 洗脱和收集

用 95%的乙醇洗脱，控制流出速度为每分钟 5～10 滴。整个过程都应有洗脱剂覆盖吸附剂。

由于亚甲基蓝与氧化铝的作用力较小首先向下移动，吸附作用较大的甲基橙则留在柱的上端，从而形成不同的色带(蓝色的亚甲基蓝和黄色的甲基橙)。当最先下行的色带快流出时，更换接收瓶，继续洗脱，直至滴出液无色为止。之后，将洗脱液改为水，洗脱甲基橙，并接受黄色的流出液，直至滴出液无色为止。两种组分被分离，停止洗脱。

2.12.5 注意事项

(1) 棉花不要塞得太紧，否则影响洗脱速度。加入石英砂的目的是加料时不致把吸附剂冲起，从而影响分离效果。若无石英砂，也可用滤纸覆盖在吸附剂表面。

(2) 为了保持柱子的均一性，整个过程中，洗脱剂应浸没吸附剂，否则柱子会干裂，从而影响分离效果。

(3) 最好用移液管或滴管将欲分离溶液转移至柱中。

(4) 在洗脱过程中,要注意一个色带与另一色带洗脱液的接收不要交叉,否则组分之间不能被完全分离。

(5) 如果被分离各组分有颜色,可以根据色谱柱中出现的色层收集洗脱液。如果各组分无色,可用自动收集器将洗脱液定量收集于一系列试管中,然后用薄层色谱法逐一鉴定,再将相同组分的收集液合并在一起。蒸除洗脱液溶剂,即得各组分。

2.12.6 思考题

(1) 若色谱柱中留有气泡或填装不均匀,对分离效果有何影响？如何避免？

(2) 物质的极性与吸附强度有什么关系？

(3) 柱色谱为什么要先用非极性或弱极性的洗脱剂洗脱，然后再使用较强极性的洗脱剂洗脱？

2.13 紫外可见吸收光谱

2.13.1 实验原理

紫外吸收光谱及可见吸收光谱都属于分子光谱,都是由于价电子的跃迁而产生的。利用有机物分子对紫外或可见光的吸收所产生的紫外可见吸收光谱及吸收强度可对物质进行定性或定量分析。在有机物分子中有形成单键的 σ 电子、形成双键的 π 电子及未成键的 n 电子。当分子吸收一定能量的辐射时,这些电子就会跃迁到较高的能级,此时电子所占的轨道称为反键轨道。

紫外吸收光谱中,电子的跃迁有 $\sigma \to \sigma^*$、$n \to \sigma^*$、$\pi \to \pi^*$ 和 $n \to \pi^*$ 四种类型,各种跃迁所需要的能量大小顺序为:$\sigma \to \sigma^* > n \to \sigma^* > \pi \to \pi^* > n \to \pi^*$(图 2-34)。由于一般的紫外分光光度计只能提供 200～400 nm 范围的单色光,而 $\sigma \to \sigma^*$ 和 $n \to \sigma^*$ 跃迁只能吸收 200 nm 以下的辐射,因此在实际分析工作中,只有 $n \to \pi^*$ 跃迁和 $\pi \to \pi^*$ 跃迁有意义。与可见吸收光谱一样,紫外吸收光谱也具有下列特征:①同一浓度的待测溶液对不同波长光的吸

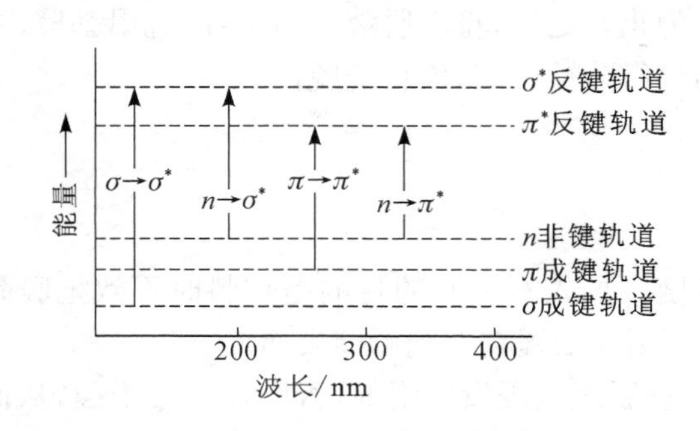

图 2-34 电子能级及电子跃迁示意图

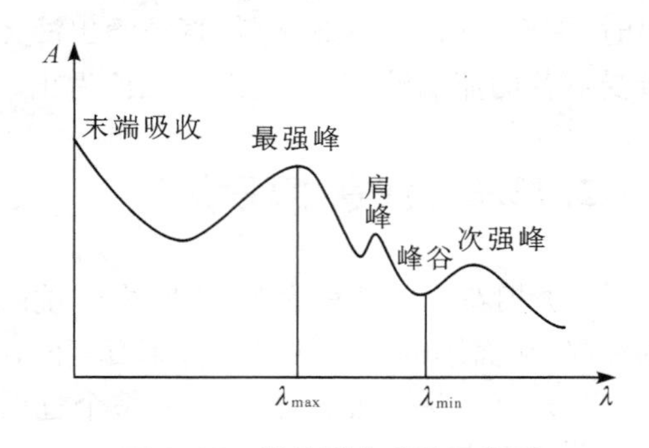

图 2-35 紫外吸收光谱示意图

收强度 不同(图 2-35);②同一种物质,浓度愈大,吸光度也愈大,且吸光度与物质浓度的关系符合朗伯-比尔定律;③同一种物质,不论浓度大小如何,最大吸收波长(λ_{max})相同、吸收曲线的形状相似,而不同的物质,λ_{max}及吸收曲线的形状往往不同。因此可利用 λ_{max}及吸收曲线的形状对有机物进行定性分析,利用吸光度进行定量分析。

物质的紫外吸收光谱主要是分子中生色团及助色团的特征,而不是整个分子的特征。如果物质组成的变化不影响生色团和助色团,就不会显著地影响其吸收光谱,如甲苯和乙苯具有相似的紫外吸收光谱。另外,外界因素如溶剂的改变也会影响吸收光谱。因此,只根据紫外光谱难以准确确定物质的分子结构,还必须与红外光谱、核磁共振波谱、质谱等方法配合使用。

2.13.2 实验用途

紫外吸收光谱常用于下列几个方面:

2.13.2.1 化合物的鉴定

利用紫外光谱可以推测有机化合物的分子骨架中是否含有共轭体系,如 C═C—C═C、C═C—C═O、苯环等。但紫外光谱鉴定有机化合物远不如红外光谱有效,因为很多化合物在紫外波长范围内没有吸收或者吸收很弱,并且紫外光谱一般比较简单,特征性不强。紫外光谱可以用来检验一些具有大的共轭体系或发色官能团的化合物,作为其他鉴定方法的补充。如果一个化合物在紫外区是透明的,则说明分子中不存在共轭体系,不含有醛基、酮基或溴和碘。可能是含有脂肪族碳氢化合物、胺、腈、醇等不含双键或环状共轭体系的化合物。

2.13.2.2 纯度检验

如果待测有机化合物在紫外光区没有明显的吸收峰,而杂质在紫外区有较强的吸收,则可利用紫外光谱检验该化合物的纯度。

2.13.2.3 定量分析

朗伯-比尔定律是紫外-可见吸收光谱法进行定量分析的理论基础。

2.14 红外光谱

2.14.1 实验原理

红外光谱属于分子吸收光谱的一种,是根据物质选择性吸收红外光区电磁辐射的性质而对其进行定性或定量分析的一种方法。在有机物分子中,组成化学键或官能团的原子处于不断振动的状态,其振动频率与红外光的频率相当。若用连续波长的红外光照射有机物,当物质分子中某个基团的振动频率与红外光的频率一致时,分子就吸收该波长的红外辐射而发生振动能级的跃迁(同时包含转动能级的跃迁);不同化学键或官能团的吸收频率不同,从而可以获得分子中化学键或官能团的信息。红外光谱法实质上是根据分子内部原子间的相对振动和分子转动等信息来确定物质分子结构及鉴别化合物的分析方法。将分子吸收红外光的情况用仪器记录下来，就得到红外光谱图。红外光谱图通常以波长(λ)或波数(σ)为横坐标，表示吸收峰的位置，以透光率($T\%$)或吸光度(A)为纵坐标，表示吸收强度。根据红外光谱图可对物质进行定性和定量分析。红外光谱具有特征性强、测定速度快、试样用量少、不破坏试样、适用于各种状态的试样等优点，但定量分析的误差较大。

2.14.2 对待测试样的要求

(1) 试样应该是单一组分的纯物质，纯度应大于98%或符合商业标准。多组分样品应在测定前用分馏、萃取、重结晶、离子交换等方法进行分离纯化，否则各组分光谱相互重叠，难以解析。

(2) 试样中应不含游离水。水本身有红外吸收，会严重干扰样品谱图，还会浸蚀吸收池的盐窗。

(3) 试样的浓度或测试厚度应适当，使光谱图中大多数峰的透射比在10%～80%范围内。

2.14.3 制样方法

2.14.3.1 气体试样

可在玻璃气槽内进行测定，它的两端粘有红外透光的 NaCl 或 KBr 窗片。先将气槽抽真空，再将试样注入。

2.14.3.2 液体和溶液试样

(1) 液体池法：对于沸点较低，挥发性较大的试样，可注入封闭液体池中。前框(窗)片和后框(窗)片为氯化钠、溴化钾等晶体薄片；间隔片常由铝箔和聚四氟乙烯等材料制成，起着固定液体样品的作用，液层厚度一般为 0.01～1 mm。

(2) 液膜法：也可称之为夹片法，即在可拆池两窗片之间，滴上 1～2 滴液体样品，使之形成一层薄薄的液膜。液膜厚度可借助于池架上的固紧螺丝作微小调节。该法操作简便，适用于高沸点及不易清洗样品的定性分析。

(3) 固体试样：固体试样常用压片法，即，将 1～2 mg 固体样品和 100～200 mg 干燥的 KBr 粉末一起放入玛瑙研体中研磨，研细并混合均匀后，转移到到压模内，在压片机上制成厚约 1 mm、直径 10 mm 的透明薄片。

2.14.4 注意事项

(1) KBr 应干燥无水，固体试样的研磨应在红外灯下进行，防止吸水变潮；KBr 和样品的质量比约在(100～200)∶1 之间。

(2) 可拆式液体池的盐片应保持干燥透明，切不可用手触摸盐片表面；每次测定前后均应在红外灯下反复用无水乙醇-滑石粉抛光，用镜头纸擦拭干净，在红外灯下烘干后，置于干燥器中备用；切记盐片不能用水冲洗。

2.15　核磁共振氢谱

2.15.1　实验原理

核磁共振技术始创于1946年，由美国物理学家珀塞尔(Purcell)和布洛赫(Bloch)创建，至今已有六十多年的历史。起初为物理学家所用，自1950年应用于测定有机化合物的结构以来，经过几十年的研究和实践，发展十分迅速，现已成为测定有机化合物结构不可缺少的重要手段。

理论上讲，凡是自旋量子数不等于零的原子核，都可能发生核磁共振。但到目前为止，有实用价值的实际上只有^{1}H，叫氢谱，常用^{1}H—NMR表示；^{13}C，叫碳谱，常用^{13}C—NMR表示。这里仅简要介绍一下^{1}H—NMR。

氢核具有磁矩，当置于外磁场中时有两种取向，分别对应其低能态和高能态；若用电磁波照射氢原子核，它能通过共振吸收电磁波能量，发生跃迁；用核磁共振仪可以记录到有关信号，从而得到核磁共振谱图。处在不同环境中的氢原子因产生共振时吸收电磁波的频率不同，在图谱上出现的位置也不同，各种氢原子的这种差异被称为化学位移(常用δ表示)。化学位移的大小，可采用一个标准化合物为原点，测出峰与原点的距离，就是该峰的化学位移，现在一般采用$(CH_3)_4Si$(四甲基硅烷，TMS)为基准物质，其化学位移值为0 ppm。

每类氢核不总表现为单峰，通常为多重峰；谱线增多是因为相邻的磁不等性H核自旋相互作用(即干扰)的结果。这种原子核之间的相互作用，叫做自旋偶合；而由自旋偶合引起的谱线增多的现象，叫做自旋裂分。例如，碘乙烷分子中，甲基氢(a)受亚甲基氢(b)的影响裂分为三重峰，而亚甲基氢受甲基氢的影响裂分为四重峰(图2-36)。每组吸收峰内各峰之间的距离，称为偶合常数，单位为Hz。

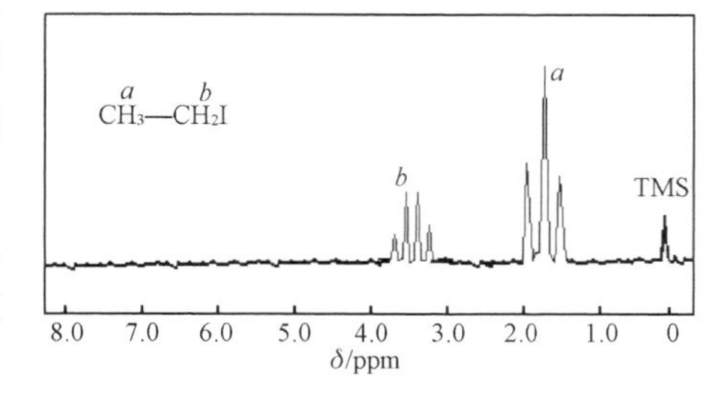

图2-36　碘乙烷的核磁共振氢谱图

在核磁共振氢谱图中，特征峰的数目反映了有机物分子中氢原子的种类；不同特征峰的强度比(即特征峰的面积比)反映了不同化学环境氢原子的数目比；而峰的裂分数与相邻氢核的数目有关。利用化学位移、峰面积、裂分数及耦合常数等信息，可以推断氢原子在碳骨架上的位置及每种氢原子的数目等，进而推断出有机化合物的结构。

2.15.2　注意事项

(1) 严禁携带任何铁器靠近磁体；安装心脏起博器和假肢的人请勿进入核磁共振室。

(2) 应使用合格的核磁共振样品管；不要在核磁管上乱贴标签，因为这往往会导致核磁管轴向的不均衡，在样品旋转的时候影响分辨率；核磁管外壁应干燥洁净，以防外壁污染物堵塞探头。

(3) 样品管内的溶液应澄清透明、无悬浮物，管内液面高度约为 4 cm(约需 0.5 mL 氘代溶剂)。

(4) 送检样品纯度一般应大于 95%，无铁屑、灰尘、滤纸毛等杂质；一般有机物需提供的样品量约为 3～5 mg(氢谱)，聚合物所需的样品量应适当增加。

第3章 有机化合物的制备

3.1 环己烯的制备

3.1.1 实验目的

(1) 掌握由环己醇制备环己烯的原理及方法。
(2) 学习分馏、蒸馏、盐析、干燥和分离洗涤等基本操作。
(3) 熟悉合成产物产率的计算方法。

3.1.2 实验原理

主反应：

$$\text{C}_6\text{H}_{11}\text{—OH} \xrightleftharpoons{85\%\text{H}_3\text{PO}_4} \text{C}_6\text{H}_{10} + \text{H}_2\text{O}$$

副反应：

$$2\,\text{C}_6\text{H}_{11}\text{—OH} \xrightleftharpoons{85\%\text{H}_3\text{PO}_4} \text{C}_6\text{H}_{11}\text{—O—C}_6\text{H}_{11} + \text{H}_2\text{O}$$

因主反应为可逆反应，为了提高产率，促进反应发生，本实验采取了边反应边蒸出反应生成的环己烯和水形成的二元共沸物(沸点 70.8℃，含水 10%)的措施。但是原料环己醇也能和水形成二元共沸物(沸点 97.8℃，含水 80%)。为了使产物以共沸物的形式蒸出反应体系，而又不夹带原料环己醇，本实验采用分馏装置，并控制柱顶温度不超过 90℃。

本实验采用 85%的磷酸为催化剂，也可以用 1 mL 95%浓硫酸作催化剂。但是磷酸氧化能力较硫酸的弱得多，可减少氧化等副反应的发生。

3.1.3 实验仪器和药品

仪器：圆底烧瓶，分馏柱，锥形瓶，直形冷凝管，温度计，蒸馏头，接引管，电热套。
药品：85%磷酸溶液，5% 碳酸钠溶液，环己醇，氯化钠饱和溶液，无水氯化钙。

3.1.4 实验步骤

在 50 mL 干燥的圆底烧瓶中，加入 10 mL 环己醇(9.6 g，0.096 mol)、4 mL 85%磷酸(或 1 mL 浓硫酸)，充分振摇、混合均匀。投入几粒沸石，安装分馏反应装置。用锥形瓶作接收器，并置于冷水中冷却。

打开电热套电源开关，用小火慢慢加热至混合物沸腾，控制加热速度使分馏柱顶端的温度不超过 90℃，馏出液为环己烯带有少量水的混合物（混浊液体）。至无液体蒸出，可适当提高温度，当烧瓶中只剩下很少量的残液并出现阵阵白雾时，即可停止反应。全部分馏时间约需 40 min。

将馏出液分去水层，加入等体积的饱和食盐水，充分振摇后静置分层，分去水层，然后加 3～4 mL 5%的碳酸钠溶液洗涤微量的酸。将下层水溶液自分液漏斗下端活塞放出，上层的粗产物自分液漏斗的上口倒入干燥的小锥形瓶中，加入 1～2 g 无水氯化钙干燥。

将干燥后的产物滤入干燥的圆底烧瓶中，加入几粒沸石，用水浴加热进行蒸馏。收集 80～85℃的馏分于一已称重的干燥小锥形瓶中。产量约为 4～5 g。

$$产率(\%)=实际产量/理论产量\times 100\%$$

环己烯的红外光谱和核磁共振氢谱分别如图 3-1 和图 3-2 所示。

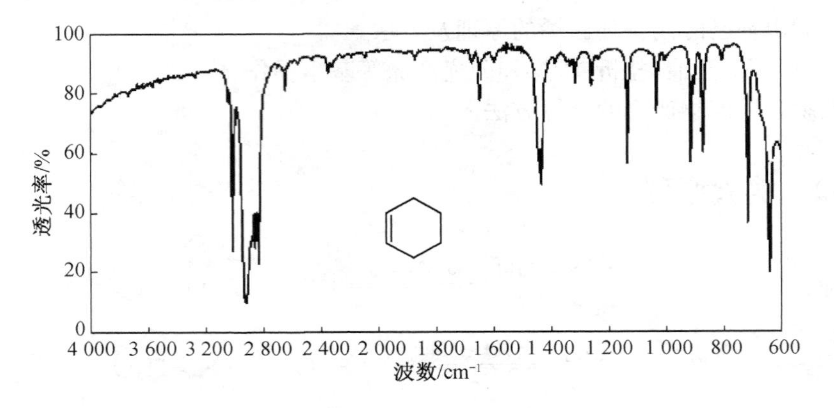

图 3-1　环己烯的 IR 谱图

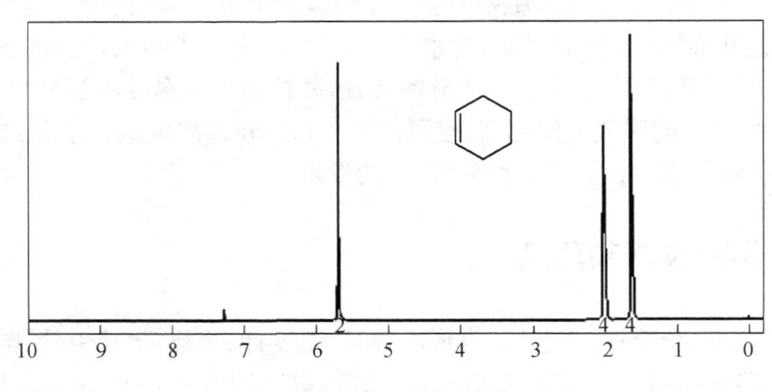

图 3-2　环己烯的 ¹H NMR 谱图

3.1.5　注意事项

(1) 环己醇在常温下是黏稠状液体，因而用量筒量取时应注意转移中的损失。

(2) 环己醇与磷酸应充分混合,否则在加热过程中可能会局部碳化,使溶液变黑。

(3) 最好用空气浴或油浴加热,使蒸馏烧瓶受热均匀。由于反应中环己烯与水形成共沸物(沸点 70.8℃,含水 10%);环己醇也能与水形成共沸物(沸点 97.8℃,含水 80%)。因此在加热时温度不可过高,蒸馏速度不宜太快,以避免未反应的环己醇被蒸出。文献要求柱顶温度控制在 73℃左右,但反应速度太慢。本实验为了加快蒸出的速度,可控制在 90℃以下。

(4) 反应终点的判断可参考以下几个参数:①反应进行 40 min 左右;②分馏出的环己烯和水的共沸物达到理论计算量;③反应烧瓶中出现白雾;④柱顶温度下降后又升到 85℃以上。

(5) 洗涤分水时,水层应尽可能分离完全,否则将增加无水氯化钙的用量,使产物更多地被干燥剂吸附而损失。这里用无水氯化钙干燥较适合,因为它还可除去少量的环己醇。无水氯化钙的用量视粗产品中的含水量而定,一般干燥时间应在半个小时以上,最好干燥过夜。

(6) 在蒸馏已干燥的产物时,蒸馏所用仪器都应充分干燥。接收产品的三角瓶应事先称重。

3.1.6　思考题

(1) 在纯化环己烯时,用等体积的饱和食盐水洗涤,而不直接用水洗涤,目的何在?
(2) 本实验提高产率的措施是什么?
(3) 实验中,为什么要控制柱顶温度不超过 90℃?
(4) 本实验用磷酸作催化剂比用硫酸作催化剂的优点在哪里?
(5) 蒸馏时,加入沸石的目的是什么?

3.2　溴乙烷的制备

3.2.1　实验目的

(1) 学习以醇为原料制备一卤代烷的实验原理和方法。
(2) 掌握低沸点蒸馏的基本操作。
(3) 学习分液漏斗的使用方法。

3.2.2　实验原理

卤代烃是一类重要的有机合成中间体,通过卤代烃的取代反应,能制备多种有用的化合物,如腈、胺、醚等。在无水乙醚中,卤代烃和镁作用生成 Grignard 试剂 RMgX,后者和羰基化合物如醛、酮、二氧化碳等作用,可制备醇和羧酸。由醇与氢卤酸反应是制备卤代烃的一个重要方法。

醇和氢卤酸的反应是可逆反应，为了使反应平衡向右移动，可以增加醇或氢卤酸的浓度，也可以设法除去生成的卤代烃或水，或两者并用。在制备溴乙烷时，溴化氢由溴化钠和硫酸反应制得。实验中，在增加乙醇用量的同时，把反应生成的低沸点溴乙烷及时地从反应混合物中蒸馏出来，从而使平衡右移，提高产率。

主反应：

$$NaBr + H_2SO_4 \longrightarrow HBr + NaHSO_4$$

$$HBr + C_2H_5OH \rightleftharpoons C_2H_5Br + H_2O$$

副反应：

$$2C_2H_5OH \xrightarrow{\text{浓 } H_2SO_4} C_2H_5OC_2H_5 + H_2O$$

$$CH_3CH_2OH \xrightarrow{\text{浓 } H_2SO_4} CH_2=CH_2 + H_2O$$

$$2HBr + H_2SO_4 \longrightarrow Br_2 + SO_2 + 2H_2O$$

3.2.3 实验仪器和药品

仪器：100 mL 圆底烧瓶，锥形瓶，直形冷凝管，温度计（100℃），蒸馏头，75°弯头，接引管，量筒，分液漏斗。

药品：95%乙醇，浓硫酸，溴化钠固体。

3.2.4 实验步骤

3.2.4.1 溴乙烷粗品的制备

在 100 mL 圆底烧瓶中加入 10 mL (0.165 mol) 95% 乙醇及 9 mL 水，在不断振摇和冷水冷却下，慢慢加入 19 mL (0.34 mol) 浓硫酸。混合物冷却至室温后，在冷却条件下加入研细的溴化钠 13 g (0.126 mol)，轻轻振荡混匀后，加入几粒沸石，安装成常压蒸馏装置。接收器置于冰水混合物中，以防止产品的挥发损失。接液管的支管用橡皮管导入下水道或室外。将反应混合物在电热套上小火加热蒸馏，使反应平稳进行，直至无油状物馏出为止，约需反应 40 min。

3.2.4.2 产品的精制

将馏出液小心倒入分液漏斗中，分出的有机层置于 50 mL 干燥的锥形瓶中，并将其浸入冰水浴中，振荡条件下逐滴加入 1～2 mL 浓 H_2SO_4，使溶液明显分层，再用干燥的分液漏斗分去硫酸层。将得到的溴乙烷粗产品倒入干燥的蒸馏瓶中，水浴加热蒸馏，接收器用冰水浴冷却，收集 35～40℃的馏分。称量、计算产率(产量约为 10 g)。

纯溴乙烷为无色液体，沸点为 38.40℃，n_D^{20} 为 1.423 9，红外光谱和核磁共振氢谱分别如图3-3和图 3-4 所示。

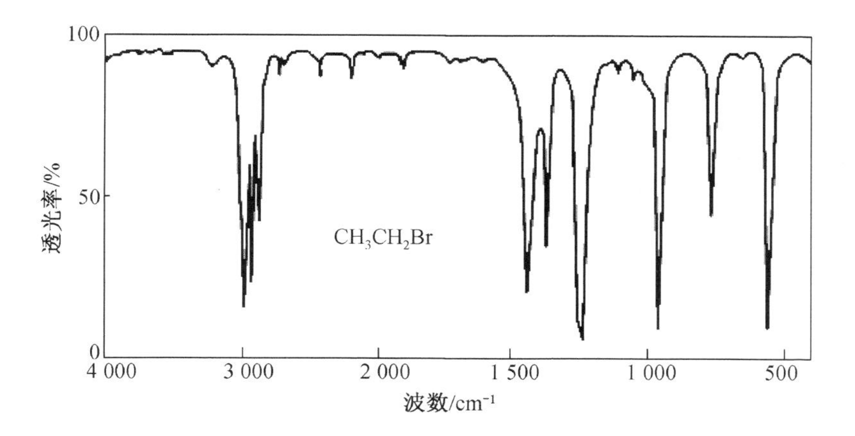

图 3-3　溴乙烷的 IR 谱图

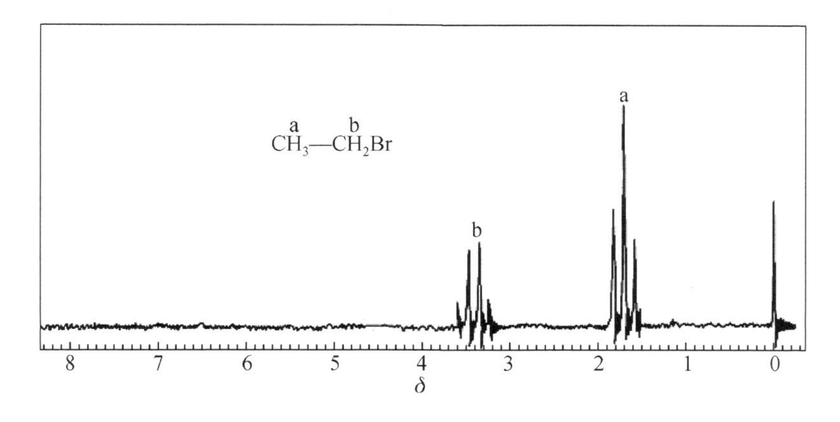

图 3-4　溴乙烷的 ^1H NMR 谱图

3.2.5　注意事项

(1) 溴化钠应预先研细，并在搅拌下加入，以防止结块而影响氢溴酸的生成。

(2) 产品精制过程要迅速，以减少溴乙烷的挥发。

(3) 制备时的加热速度不能过快，防止产生大量的气泡(HBr)，使生成的 HBr 来不及参加下一步反应即挥发逸出，使产率降低。

(4) 分液和洗涤时要辨清有机层和无机层，防止有机层丢失。

(5) 溴乙烷的沸点低，在水中的溶解度小(1∶100)，且低温时不与水反应，为减少其挥发，接收瓶应放在冰水浴中，在制备时也可同时向接收瓶中加少许冰水，以提高冷却效果。并将接引管支口导入下水道或室外。

3.2.6 思考题

(1) 在制备溴乙烷时,反应混合物中如果不加水会产生什么结果?
(2) 粗产物中可能有什么杂质,是如何除去的?
(3) 如果你得到的产率不高,试分析其原因。

3.3 正溴丁烷的制备

3.3.1 实验目的

(1) 学习由醇制取卤代烷的原理和方法。
(2) 掌握带有有害气体吸收装置的回流操作。
(3) 进一步巩固液体混合物的洗涤、干燥、蒸馏提纯等基本操作。

3.3.2 实验原理

主反应:

$$NaBr + H_2SO_4 \longrightarrow HBr + NaHSO_4$$

$$n\text{-}C_4H_9OH + HBr \xrightarrow{\text{浓 } H_2SO_4} n\text{-}C_4H_9Br + H_2O$$

副反应:

$$CH_3CH_2CH_2CH_2OH \xrightarrow{\text{浓 } H_2SO_4} CH_2CH_2CH{=}CH_2 + H_2O$$

$$2CH_3CH_2CH_2CH_2OH \xrightarrow{\text{浓 } H_2SO_4} (CH_3CH_2CH_2CH_2)_2O + H_2O$$

$$2HBr + H_2SO_4 \xrightarrow{\triangle} Br_2 + SO_2 + 2H_2O$$

3.3.3 实验仪器和药品

仪器:带有尾气吸收的回流装置一套,分液漏斗,75°弯管。
药品:正丁醇,溴化钠(无水),浓硫酸,10%碳酸钠溶液,无水氯化钙,5%氢氧化钠溶液。

3.3.4 实验步骤

3.3.4.1 正溴丁烷的合成

在 100 mL 圆底烧瓶中加入 10 mL 水,振荡下慢慢加入 12 mL(0.22 mol)浓硫酸,冷却至室温后,再依次加入 7.5 mL(0.08 mol)正丁醇和 10 g(0.10 mol)研细的溴化钠。充分振荡后加入几粒沸石，参考图 1-2(3)安装回流装置(含气体吸收部分)，用5%的氢氧化钠溶液作尾气吸收剂(注意防止碱液被倒吸)。在电热套上加热至沸腾，调节加热功率，以保持反应物沸腾而又平稳地回流，反应约需 30～40 min。待反应液冷却后，改回流装置为蒸馏装置(用直形冷凝管冷凝)，蒸出粗产物。

3.3.4.2　粗产物的纯化

将馏出液转移至分液漏斗中，加入 10 mL 的水洗涤(产物在下层)，静置分层后，将产物转入另一干燥的分液漏斗中，再用 5 mL 的浓硫酸洗涤(除去粗产物中的少量未反应的正丁醇及副产物正丁醚、1-丁烯、2-丁烯)。尽量分去硫酸层(下层)后，有机相再依次用 10 mL 的水(除硫酸)、饱和碳酸氢钠溶液(中和未除尽的硫酸)和水(除残留的碱)洗涤后，转入干燥的锥形瓶中，加入 1～2 g 的无水氯化钙干燥，间歇摇动锥形瓶，直到液体透明为止。

将干燥好的产物转移至小蒸馏瓶中进行蒸馏，收集 99～103℃的馏分。

纯的正溴丁烷为无色透明液体，沸点为 101.6℃，n_D^{20}为 1.4401，红外光谱和核磁共振氢谱分别如图 3-5 和图 3-6 所示。

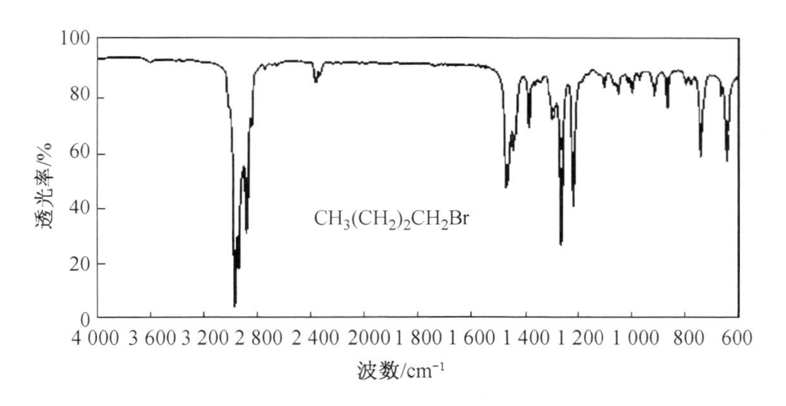

图 3-5　正溴丁烷的 IR 谱图

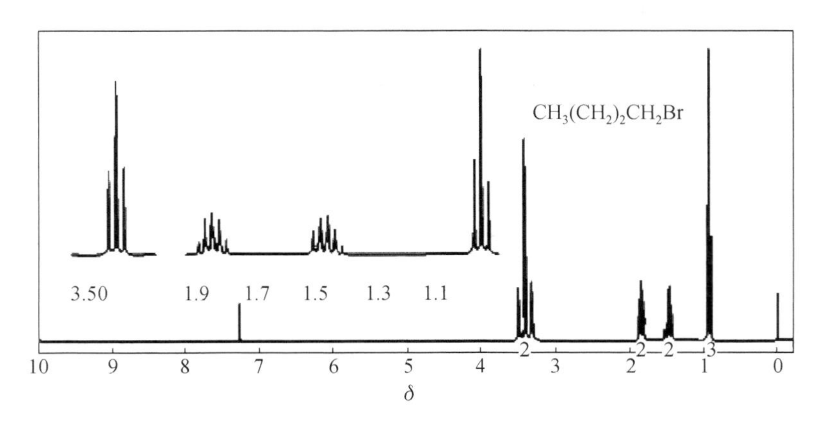

图 3-6　正溴丁烷的 ^{1}H NMR 谱图

3.3.5 注意事项

(1) 投料时应严格按照教材上的顺序;投料后要混合均匀,再进行反应。

(2) 反应时,保持回流平稳进行,防止导气管发生倒吸。

(3) 洗涤粗产物时,注意正确判断产物层。

(4) 干燥剂用量要合理。

3.3.6 思考题

(1) 正溴丁烷制备实验为什么用回流反应装置?

(2) 什么情况下用气体吸收装置? 怎样选择吸收剂?

(3) 正溴丁烷制备实验中,加浓硫酸到粗产物中的目的是什么? 硫酸浓度太高或太低会带来什么结果?

(4) 正溴丁烷的制备实验中,粗产物用 75°弯管连接冷凝管和蒸馏瓶进行蒸馏,能否改成一般蒸馏装置进行粗蒸馏? 这时将如何控制蒸馏终点?

3.4 对二叔丁基苯的制备

3.4.1 实验目的

(1) 学习傅-克烷基化反应制备烷基苯的原理和方法。

(2) 掌握带有害气体吸收及干燥管的回流操作。

(3) 巩固分液漏斗的使用及萃取操作。

3.4.2 实验原理

苯与叔丁基氯在 Lewis 酸(无水氯化铝)存在下发生 Friedel-Crafts 烷基化反应,生成对二叔丁基苯,主要反应如下:

$$C_6H_6 + (CH_3)_3CCl \xrightarrow{\text{无水 } AlCl_3} C_6H_5C(CH_3)_3 \xrightarrow[(CH_3)_3CCl]{\text{无水 } AlCl_3} (CH_3)_3C\text{-}C_6H_4\text{-}C(CH_3)_3 + 2HCl$$

3.4.3 实验仪器和药品

仪器:温度计,直形冷凝管,三口烧瓶,烧杯,干燥管。

药品:3 mL(0.034 mol)苯,0.8 g(0.006 mol)无水三氯化铝,10 mL(0.09 mol)叔丁基

氯，乙醚，无水硫酸镁。

3.4.4　实验步骤

向装有温度计、回流冷凝管(上端通过氯化钙干燥管与气体吸收装置相连)的100 mL三颈烧瓶中加入3 mL苯、10 mL叔丁基氯；将烧瓶用冰水浴冷却至5℃以下，迅速加入0.8 g无水三氯化铝，在冰水浴中摇荡烧瓶，使反应物充分混合。诱导期之后开始反应，冒泡并放出氯化氢气体，注意不时地振荡并控制反应温度在5～10℃。待无明显的氯化氢气体放出时撤掉冰水浴，使反应液温度逐渐升到高室温；加入8 mL冰水分解生成物，然后用20 mL乙醚分两次萃取反应物，合并乙醚萃取液，用等体积的饱和食盐水洗涤后，加入无水硫酸镁干燥。抽滤，滤液经水浴加热去除乙醚，将残留液倾入表面皿中静置，即可得到白色结晶，产量约为2～3 g。

纯净的对二叔丁基苯为白色结晶，熔点为77～78℃。

3.4.5　注意事项

(1) 实验仪器、药品必须干燥处理。

(2) 先安装装置后再加试剂，无水$AlCl_3$应快速称量，迅速加入。

(3) 乙醚毒性较大，沸点较低，最好在通风橱中进行实验。

3.4.6　思考题

(1) 本实验的烃基化反应为什么控制在5～10℃进行？温度过高有什么不好？

(2) 叔丁基是邻对位定位基，可本实验为何只得到对二叔丁基苯一种产物？如果苯过量较多，则产物为叔丁基苯，试解释之。

3.5　2-甲基-2-丁醇的制备

3.5.1　实验目的

(1) 通过2-甲基-2-丁醇的制备，熟悉格氏试剂的制备方法、应用范围及反应条件。

(2) 巩固回流、搅拌、萃取、蒸馏等基本操作。

3.5.2　实验原理

首先使乙基溴化镁与丙酮发生加成反应，然后再水解得到2-甲基-2-丁醇，反应如下：

$$C_2H_5Br + Mg \xrightarrow{\text{无水乙醚}} C_2H_5MgBr$$

$$(CH_3)_2CO + C_2H_5MgBr \xrightarrow{\text{无水乙醚}} (CH_3)_2C(OMgBr){-}C_2H_5$$

$$\xrightarrow{H_2O,\ H^+} H_3C{-}C(CH_3)(OH){-}C_2H_5$$

3.5.3 实验仪器和药品

仪器：机械搅拌装置，恒压滴液漏斗，三颈反应烧瓶，球形和直形冷凝管，干燥管，尾接管，蒸馏烧瓶。

药品：1.7 g 镁屑，6.5 mL 溴乙烷，5 mL 丙酮，20 mL 无水乙醚，8 mL 5%碳酸钠溶液，30 mL 20%硫酸，无水碳酸钾，无水氯化钙，普通乙醚。

3.5.4 实验步骤

3.5.4.1 乙基溴化镁的制备

在 100 mL 三颈圆底烧瓶上分别安装搅拌器、回流冷凝管和滴液漏斗，在冷凝管的上口装上氯化钙干燥管。在三颈烧瓶中放入 1.7 g(0.07 mol)镁屑及一小粒碘。在恒压滴液漏斗中加入 10 mL 溴乙烷(14.6 g，0.13 mol)和 10 mL 无水乙醚，混匀。从恒压滴液漏斗中先滴入约三分之一混合液于三颈烧瓶中，溶液呈微沸状态，随即碘的颜色消失(若不消失，可用温水浴温热)。开动搅拌器，继续滴加剩下的混合液，维持反应液呈微沸状态。若发现反应物呈黏稠状，则补加适量无水乙醚。滴加完毕后，在温水浴中搅拌回流 30 min，直至金属镁基本消失为止。

3.5.4.2 与丙酮的加成反应

将反应烧瓶置于冰水浴中，在搅拌下自滴液漏斗缓缓滴入 5 mL 无水丙酮(3.95 g，0.07 mol)及 5 mL 无水乙醚的混合液，滴加完毕，在室温下搅拌 15 min，瓶中有灰白色黏稠状固体析出。

3.5.4.3 加成物的水解和产物的提取

将反应烧瓶在冰水中冷却和搅拌下，从滴液漏斗滴入 30 mL 20%硫酸溶液(预先配好，置于冰水中冷却)分解产物。然后在分液漏斗中分离出醚层，水层用乙醚萃取 2 次，每次 10 mL。合并醚层，用 10 mL 5%碳酸钠溶液洗涤，再用无水碳酸钾干燥。用水浴蒸去乙醚后，进行蒸馏，收集 95～105℃馏分。称重，计算产率。

纯 2-甲基-2-丁醇为无色液体，沸点为 102.5℃，n_D^{20} 为 1.4025。

3.5.5　注意事项

(1) 格氏反应所用的仪器和药品必须经过干燥处理；实验装置与大气相通处需接上装有无水氯化钙的干燥管。

(2) 滴加溴乙烷的速度必须控制。

(3) 2-甲基-2-丁醇与水能形成共沸物，用无水碳酸钾干燥时一定要充分。

(4) 乙醚容易燃烧，必须远离火源。

(5) 乙醚和溴乙烷的沸点都很低，操作时应尽量减少其挥发。

3.5.6　思考题

(1) 本实验成败的关键是什么？为什么？应该采取什么措施？

(2) 通过哪些措施可以提高产率？

(3) 为什么碘粒可以加速格氏试剂的引发反应？

(4) 制得的粗产品为什么不能用氯化钙干燥？

3.6　正丁醚的制备

3.6.1　实验目的

(1) 掌握醇分子间脱水制备醚的原理和方法。

(2) 学习带分水器的回流操作。

3.6.2　实验原理

主反应：

$$2CH_3CH_2CH_2CH_2OH \xrightarrow[134\sim135℃]{H_2SO_4} CH_3CH_2CH_2CH_2OCH_2CH_2CH_2CH_3 + H_2O$$

副反应：

$$CH_3CH_2CH_2CH_2OH \xrightarrow[\text{高于 }135℃]{H_2SO_4} CH_3CH_2CH{=}CH_2 + H_2O$$

为了使反应平衡右移、提高产率，本实验利用分水器，把反应生成的水从反应体系中分离出来。

3.6.3　实验仪器和药品

仪器：50 mL 二口烧瓶，球形冷凝管，分水器，温度计，50 mL 分液漏斗，50 mL 蒸馏烧瓶。

药品:15.5 mL 正丁醇(12.5 g，0.17 mol),沸石,2.5 mL 浓硫酸，饱和氯化钠溶液，5%氢氧化钠溶液，饱和氯化钙溶液,无水氯化钙。

3.6.4 实验步骤

在 50 mL 二口烧瓶中,加入 15.5 mL 正丁醇、2.5 mL 浓硫酸和几粒沸石;摇匀后,参照图 1-2(5)搭建反应装置,一口装上温度计(温度计水银球插入液面以下),另一口装上分水器,分水器的上端接回流冷凝管。先在分水器内放置 2.0 mL 饱和氯化钠溶液,然后开启电热套小火加热至微沸,开始回流反应。反应中产生的水经冷凝后收集在分水器的下层,上层有机相积至分水器支管时,即可返回烧瓶继续反应。继续加热直到反应液温度升至 134～136℃。当分水器全部被水充满时停止反应,反应约需 1 h。若继续加热,则反应液变黑并有较多副产物烯烃生成。

将反应液冷却到室温后倒入盛有 25 mL 水的分液漏斗中,充分振摇,静置分层后弃去下层液体。上层粗产物依次用 10 mL 水、8 mL 5%氢氧化钠溶液、8 mL 水和 8 mL 饱和氯化钙溶液洗涤,然后用 1～2 g 无水氯化钙干燥。干燥后的产物倾入 50 mL 蒸馏烧瓶中进行蒸馏,收集 140～144℃馏分。

纯正丁醚的沸点为 142.4℃，n_D^{20} 为 1.3992。

3.6.5 注意事项

(1) 本实验理论失水体积约为 1.5 mL,但实际分出水的体积应略大于理论值,否则产率偏低。

(2) 制备正丁醚的较适宜温度是 130～140℃,但开始回流时,这个温度很难达到,因为正丁醚可与水形成共沸物(沸点 94.1℃,含水 33.4%);另外,正丁醚与水及正丁醇形成三元共沸物(沸点 90.6℃,含水 29.9%,正丁醇 34.6%),正丁醇也可与水形成共沸物(沸点 93℃,含水 44.5%),故在 100～115℃反应半小时之后温度才能达到 130℃以上。

(3) 在碱洗过程中,不要太剧烈地振荡分液漏斗,否则生成乳浊液,造成分离困难。

3.6.6 思考题

(1) 如何判断反应已经进行得比较完全?

(2) 反应物冷却后为什么要倒入 25 mL 水中? 各步洗涤的目的何在?

(3) 能否用本实验方法由乙醇和 2-丁醇制备乙基仲丁基醚? 你认为用什么方法更好?

3.7 苯乙酮的制备

3.7.1 实验目的

(1) 掌握傅-克酰基化反应制备苯乙酮的方法和原理。

(2) 巩固回流、蒸馏、萃取等基本操作。

3.7.2 实验原理

Friedel-Crafts 酰基化反应是制备芳香酮的主要方法。在无水三氯化铝存在下，酸酐与比较活泼的芳香族化合物发生亲电取代反应，得烷基芳基酮或二芳基酮。所有Friedel-Crafts 反应均需在无水条件下进行。

苯乙酮由苯和乙酸酐在 Lewis 酸催化剂(三氯化铝)作用下的酰基化反应制备。

$$C_6H_6 + (CH_3CO)_2O \xrightarrow{\text{无水 } AlCl_3} C_6H_5-COCH_3$$

酰基化反应的催化剂用量大大超过了烷基化反应，因为苯乙酮可与三氯化铝形成配合物，同时反应中生成的乙酸也可以与当量的氯化铝形成盐。

3.7.3 实验仪器和药品

仪器：三颈烧瓶，回流冷凝管，恒压滴液漏斗，干燥管，长颈玻璃漏斗，烧杯，简单蒸馏成套仪器，分液漏斗，具塞锥形瓶，空气冷凝管，电热套。

药品：4 mL(4.3 g, 0.042 mol)乙酸酐，16 mL(14 g, 0.18 mol)无水苯，10 g 三氯化铝，无水硫酸镁，浓盐酸，5%氢氧化钠溶液。

3.7.4 实验步骤

向装有恒压滴液漏斗、回流冷凝管(上端通过一氯化钙干燥管与气体吸收装置相连)的 100 mL 三颈烧瓶中快速加入 10 g 粉末状无水三氯化铝和 16 mL 无水苯，塞住另一瓶口。在磁力搅拌下将 4 mL 乙酸酐自滴液漏斗慢慢滴加到三颈烧瓶中(先加几滴，待反应发生后再继续滴加)，控制乙酸酐的滴加速度以使三颈烧瓶稍热为宜。滴加完毕(约10 min)，待反应稍缓和后在沸水浴中搅拌回流，直到不再有氯化氢气体逸出为止。

将反应混合物冷却到室温，在搅拌下将反应物倒入盛有 18 mL 浓盐酸和 30 g 碎冰的烧杯中(在通风橱中进行)，若仍有固体不溶物，可补加适量的浓盐酸使之完全溶解。将混合物转入分液漏斗中，分出有机相，水相用苯萃取两次(每次 8 mL)。合并有机相，依次用等体积5%的氢氧化钠溶液和水洗涤，再用无水硫酸镁干燥。

将干燥的粗产物先在水浴上蒸馏回收苯，然后在电热套中加热蒸去残留的苯，稍冷后改用空气冷凝管蒸馏收集 195～202℃馏分。

纯苯乙酮为无色透明油状液体，沸点为 202℃，熔点为 20.5℃，n_D^{20} 为 1.5372，苯乙酮的红外光谱如图 3-7 所示。

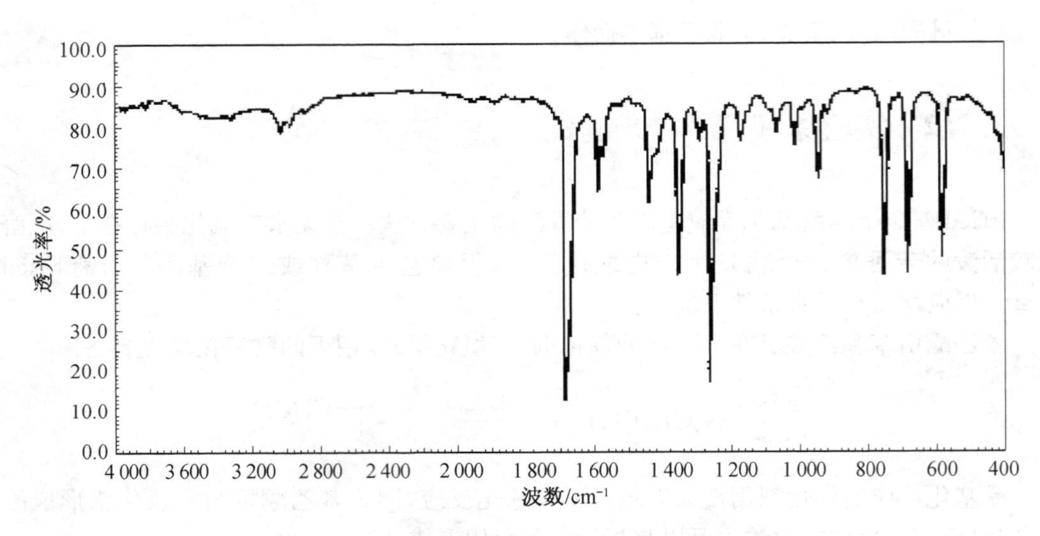

图 3-7　苯乙酮的 IR 谱图

3.7.5　注意事项

(1) 本实验所用仪器和试剂均需充分干燥，否则影响反应的顺利进行，装置中与空气相通的部位，应装上干燥管。

(2) 无水 $AlCl_3$ 的质量是本实验成败的关键，以白色粉末、开盖冒烟无结块者为好。若变黄则表明已水解，不可用。$AlCl_3$ 要研碎，研磨速度要快，防止吸水。

(3) 滴加苯乙酮和乙酸酐混合液的时间以 10 min 为宜，滴得太快温度不易控制。

(4) 吸收装置中吸收液为 20%氢氧化钠溶液，注意防止倒吸。

3.7.6　思考题

(1) 在烷基化和酰基化反应中，$AlCl_3$ 的用量有何不同？为什么？本实验为什么要用过量的苯和 $AlCl_3$？

(2) 为什么要逐滴滴加乙酸酐？

(3) 反应完成后为什么要加入浓盐酸和冰水的混合物来分解产物？

3.8　苄叉丙酮的制备

3.8.1　实验目的

(1) 学习利用羟醛缩合反应增长碳链的原理和方法。

(2) 学习利用反应物的投料比控制生成物的方法。

3.8.2 实验原理

两分子具有活泼氢的α-醛酮在稀酸或稀碱的催化下发生分子间缩合反应生成β-羟基醛酮；若提高反应温度则进一步失水生成α，β-不饱和醛酮，这种反应叫羟醛缩合反应。羟醛缩合反应是合成α，β-不饱和羰基化合物的重要方法，也是有机合成中增长碳链的重要途径。

羟醛缩合分为自身缩合和交叉羟醛缩合，没有α-氢的芳香醛与含α-活泼氢的醛酮发生的交叉羟醛缩合反应称为 Claisen-Schmidt 反应。该反应是合成侧链上含两种官能团的芳香族化合物及含几个苯环的脂肪族体系中间体的重要方法。在苯甲醛和丙酮的交叉羟醛缩合反应中，通过改变反应物的投料比可得到两种不同产物。

苯甲醛过量：

$$3\ C_6H_5CHO + CH_3COCH_3 \xrightarrow[-2H_2O]{OH^-} C_6H_5CH=CH-COCH=CH-C_6H_5$$

丙酮过量：

$$C_6H_5CHO + CH_3COCH_3 \xrightarrow[-H_2O]{OH^-} C_6H_5CH=CH-COCH_3$$

苄叉丙酮（亚苄基醛酮，4-苯基-3-丁烯-2-酮）具有类似香豆素的香气，可作为合成香料的原料和花香香精的变调剂、染料工业的媒染剂及电镀工业的光亮剂。

3.8.3 实验仪器和药品

仪器：圆底烧瓶，布氏漏斗，抽滤瓶，磁力搅拌器，锥形瓶。

药品：5.3 mL(0.05 mol)苯甲醛，丙酮，95%乙醇，10%氢氧化钠溶液，乙醚，1∶1 盐酸，饱和食盐水，无水硫酸镁。

3.8.4 实验步骤

3.8.4.1 二苄叉丙酮的制备

在电磁搅拌下，将 5.3 mL(0.05 mol)新蒸馏的苯甲醛、1.8 mL(0.025 mol)丙酮、40 mL 95%乙醇和 50 mL 10%氢氧化钠溶液依次加入 250 mL 圆底烧瓶中，继续搅拌 20 min，抽滤，用水洗涤固体，抽干水分。用 1 mL 冰醋酸和 25 mL 95%乙醇配成的混合液浸泡，抽滤，最后再用水洗涤一次。

将固体转移到 100 mL 锥形瓶中，用无水乙醇进行重结晶。

纯二苄叉丙酮为淡黄色片状晶体，熔点为 110～111℃(113℃时分解)。

3.8.4.2 苄叉丙酮的制备

在 100 mL 三颈烧瓶上分别装滴液漏斗、球形冷凝管和温度计，在电磁搅拌下依次加入 22.5 mL 10%氢氧化钠溶液和 4 mL(0.054 mol)丙酮，然后自滴液漏斗逐滴加入 5.3 mL(0.05 mol)新蒸馏的苯甲醛，控制滴加速度使反应物的温度保持在 25～30℃，滴加完毕继续反应30 min。再通过滴液漏斗加入 1∶1 盐酸，使反应液呈中性。用分液漏斗分出黄色油层，水层用 10 mL 乙醚萃取三次(共 30 mL)，将萃取液与油层合并，用 10 mL 饱和食盐水洗涤后用无水硫酸镁干燥，过滤，滤液用水浴蒸馏回收乙醚，可得产物约 5 g。

纯苄叉丙酮为白色或淡黄色晶体，熔点为 42℃。

3.8.5 注意事项

(1) 制备二苄叉丙酮时，若溶液颜色不是淡黄色而呈棕红色，可加入少量活性炭脱色；重结晶冷过滤时温度要降低至 0℃左右，以减少损失。

(2) 反应温度不要太高，否则副产物增多，产率下降。

(3) 苯甲醛及丙酮的量应准确量取。

(4) 制备二苄叉丙酮时，洗涤、浸泡都可在布氏漏斗上进行。

3.8.6 思考题

(1) 本实验中可能产生的副反应有哪些?

(2) 若碱的浓度偏高对反应有何影响?

(3) 生成二苄叉丙酮和苄叉丙酮的反应条件及产物有何区别?

(4) 二苄叉丙酮进行重结晶的方法有哪些?

(5) 若反应生成的产品为红棕色，应如何处理?

3.9 (*E*)-1,2-二苯乙烯的合成

3.9.1 实验目的

学习利用 Wittig 反应合成烯烃的原理和方法。

3.9.2 实验原理

磷内鎓盐(Wittig 试剂)与羰基化合物进行亲核加成生成烯烃的反应，称为 Wittig 反应。利用该反应由羰基化合物合成烯烃，其双键位置确定，一般不发生重排、转位等副反应。由 α, β-不饱和醛酮制备共轭烯烃十分有利，具有反应条件温和、产率高等优点。因此，Wittig反应作为合成烯烃的一般方法在有机合成中得到了广泛的应用。

以具有亲核性的三苯基膦及卤代烃为原料得到季鏻盐，再用强碱处理脱去烷基上的

α-氢原子即可得到 Wittig 试剂。

$$(C_6H_5)_3P + BrCHR_1R_2 \longrightarrow (C_6H_5)_3\overset{\oplus}{P}CHR_1R_2Br^{\ominus} \xrightarrow[-LiBr \atop -C_6H_6]{C_6H_5Li}$$

$$(C_6H_5)_3\overset{\oplus}{P}-\overset{\ominus}{C}R_1R_2 \rightleftharpoons (C_6H_5)_3P{=}CR_1R_2$$

Wittig 试剂是一种亲核试剂，可以进攻醛酮的羰基碳，最后消除掉三苯基氧膦而生成烯烃。

$$(C_6H_5)_3\overset{\oplus}{P}-\overset{\ominus}{C}R_1R_2 + O{=}C\begin{matrix}R_3\\R_4\end{matrix} \longrightarrow \begin{matrix}(C_6H_5)_3\overset{\oplus}{P}-CR_1R_2\\ \overset{\ominus}{O}-CR_3R_4\end{matrix}$$

$$\longrightarrow \begin{matrix}(C_6H_5)_3P-CR_1R_2\\ O-CR_3R_4\end{matrix} \longrightarrow (C_6H_5)_3P{=}O + R_1R_2C{=}CR_3R_4$$

本实验通过苄氯与三苯基膦作用制备季鏻盐，再在碱存在下与苯甲醛作用，制备 1，2-二苯乙烯。第二步是两相反应，通过季鏻盐和 Wittig 试剂的相转移催化作用，使反应顺利进行，该反应具有操作简便，反应时间短等优点。

$$(C_6H_5)_3P + C_6H_5CH_2Cl \xrightarrow{\triangle} (C_6H_5)_3P^+CH_2C_6H_5Cl^- \xrightarrow{NaOH} (C_6H_5)_3P{=}CHC_6H_5$$

$$\xrightarrow{C_6H_5CHO} C_6H_5CH{=}CHC_6H_5$$

3.9.3 实验仪器和药品

仪器：二口圆底烧瓶，滴液漏斗，烧杯，温度计(300℃)，冷凝管，抽滤装置，熔点仪。

药品：2.8 mL(3 g，0.024 mol)氯化苄，6.2 g(0.024 mol)三苯基膦，1.5 mL(1.6 g，0.015 mol)苯甲醛，二甲苯，氯仿，乙醚，二氯甲烷，50％氢氧化钠溶液，95％乙醇，无水硫酸镁。

3.9.4 实验步骤

3.9.4.1 氯化苄基三苯基鏻的制备

在 50 mL 圆底烧瓶中，加入 2.8 mL 苄化氯、6.2 g 三苯基膦和 20 mL 氯仿，装上带有干燥管的回流冷凝管，在水浴上回流 2～3 h 。反应完后改为蒸馏装置，蒸出氯仿。向烧瓶中加入 5 mL 二甲苯，充分振荡混合，抽滤，用少量二甲苯洗涤结晶，于 110℃ 烘箱中干燥，得季鏻盐。产品为无色晶体，熔点为 310～312℃ ，储于干燥器中备用。

3.9.4.2 1,2-二苯乙烯的制备

在 50 mL 圆底烧瓶中，加入 5.8 g(0.015 mol)氯化苄基三苯基鏻，1.6 g 苯甲醛(0.015 mol)和 10 mL 二氯甲烷，装上回流冷凝管。在电磁搅拌器的充分搅拌下，自冷凝

管顶部滴入 7.5 mL 50%氢氧化钠水溶液，约 15 min 滴完。加完后，继续搅拌 0.5 h。将反应混合物转入分液漏斗，加入10 mL水和 10 mL 乙醚，充分振荡后分出有机层，水层用 2×10 mL 乙醚萃取两次，合并有机相和乙醚萃取液，用 3×10 mL 水洗涤 3 次后用无水硫酸镁干燥，滤去干燥剂，在水浴上蒸去有机溶剂。残余物加入 95%乙醇加热溶解（约需 10 mL），然后置于冰水浴中冷却，析出 1,2-二苯乙烯结晶。抽滤，干燥后称重（约 1 g），进一步纯化可用甲醇-水重结晶。

纯(*E*)-1,2-二苯乙烯为白色晶体，熔点为 124℃。

3.9.5 注意事项

（1）苄氯蒸气对眼睛有强烈的刺激作用，转移时切勿滴在瓶外，如不慎沾在手上，应立即用水冲洗后再用肥皂擦洗。

（2）有机磷化合物通常是有毒的，使用时要特别小心。

3.9.6 思考题

（1）用 Wittig 反应制备烯烃有哪些特点？写出反应机理。

（2）由醛酮制备烯烃还可通过哪些途径？

（3）久置的苯甲醛中含有什么杂质？用它来进行 Wittig 反应会有什么影响？

3.10 安息香缩合反应

3.10.1 实验目的

（1）学习安息香缩合反应的原理。

（2）掌握应用维生素 B_1 为催化剂合成安息香的实验方法。

3.10.2 实验原理

苯甲醛在 NaCN 作用下，于乙醇中加热回流，两分子苯甲醛之间发生缩合反应，生成二苯乙醇酮（苯偶姻，安息香）。

$$\text{PhCHO} + \text{CN}^- \rightleftharpoons \left[\text{Ph}-\underset{\text{CN}}{\overset{\text{O}^-}{\text{C}}}-\text{H} \rightleftharpoons \text{Ph}-\underset{\text{CN}}{\overset{\text{OH}}{\text{C}^-}}\right] \xrightleftharpoons{\text{PhCHO}}$$

$$\text{Ph}-\underset{\text{CN}}{\overset{\text{OH}}{\text{C}}}-\underset{\text{O}^-}{\text{CH}}-\text{Ph} \rightleftharpoons \text{Ph}-\underset{\text{CN}}{\overset{\text{O}^-}{\text{C}}}-\underset{\text{OH}}{\text{CH}}-\text{Ph} \rightleftharpoons \text{Ph}-\overset{\text{O}}{\overset{\|}{\text{C}}}-\underset{\text{OH}}{\text{CH}}-\text{Ph} + \text{CN}^-$$

但该实验所用的催化剂是剧毒氰化物，对人体有危害，操作不便，且“三废”处理困难。近年来改用维生素 B_1 作催化剂，价格便宜，操作安全，效果良好。维生素 B_1 又叫硫胺素，是一种辅酶，生化过程中对 α-酮酸的脱羧和生成偶姻(α-羟基酮)等三种酶促反应发挥辅酶的作用。维生素 B_1 的结构图如下：

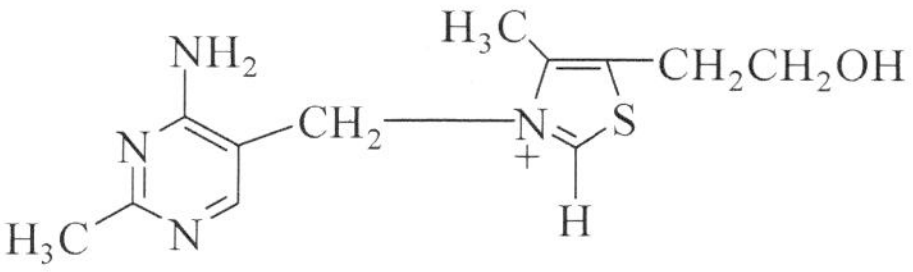

维生素 B_1

维生素 B_1 分子右边噻唑环上的 S 和 N 之间的氢原子有较大的酸性，在碱的作用下形成碳负离子，催化苯偶姻的形成。

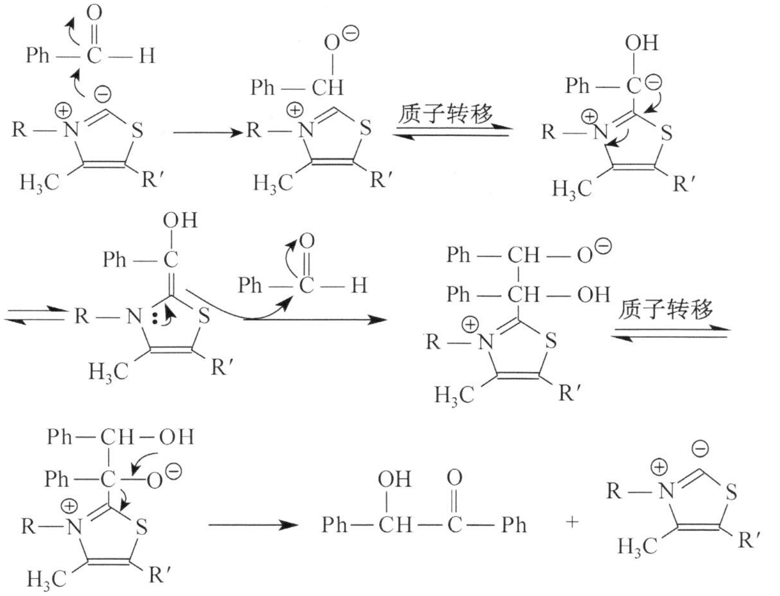

3.10.3　实验仪器和药品

仪器：圆底烧瓶，回流冷凝管，布氏漏斗，抽滤瓶，熔点仪，温度计。

药品：1.0 g 维生素 B_1，蒸馏水，5 mL(5.2 g，0.05 mol)苯甲醛(新蒸)，95%乙醇，10%氢氧化钠溶液。

3.10.4　实验步骤

在 50 mL 圆底烧瓶中加入维生素 B_1 1.0 g，蒸馏水 2 mL 和 95%乙醇 8 mL。不时地振荡，待维生素 B_1 溶解后，用塞子塞紧瓶口，将烧瓶放在冰水浴中冷却，同时取 2 mL 10%氢氧化钠溶液于一支试管中并于冰水浴中冷却。在冰水浴冷却下，将 10％的氢氧化钠溶液逐滴加入烧瓶中，充分摇动，调节 pH＝9～10，此时，溶液呈黄色。去掉冰水浴，再加入新蒸馏的苯甲醛 5 mL(5. 2 g, 0. 05 mol)，加入几粒沸石，装上回流冷凝管，将混合物置于 60～75℃水浴中温热 1. 5 h(反应后期温度可升到 80～90℃)，其间注意摇动反应瓶并保持 pH＝9～10(必要时可滴加 10％氢氧化钠溶液)，此时，反应混合物呈橘黄或橘红色均相溶液。等烧瓶冷却至室温后放在冰水浴中使之结晶析出。抽滤并用 20 mL 冷水洗涤两次，干燥，得淡黄色安息香粗品。

粗品用 95％乙醇重结晶，必要时可加活性炭脱色，干燥，称重(产量约 2 g)，测熔点。

纯安息香为白色针状结晶，熔点为 137℃，安息香的红外光谱和核磁共振氢谱分别如图 3-8和图 3-9 所示。

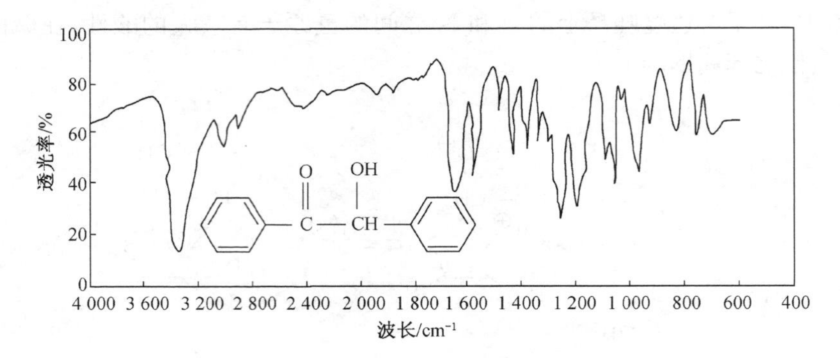

图 3-8　安息香的 IR 谱图

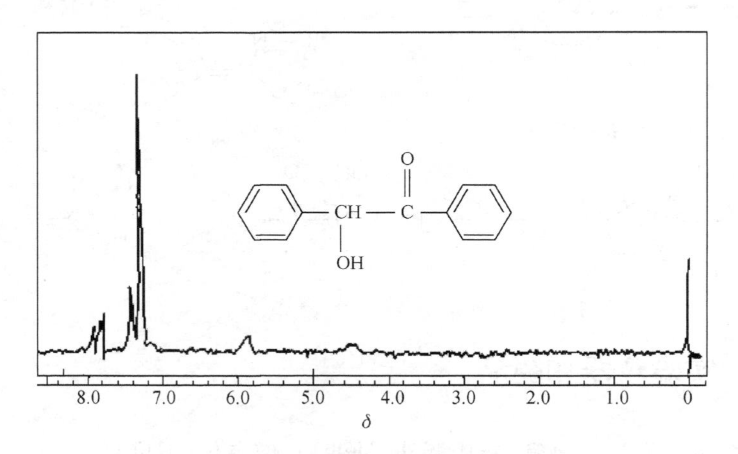

图 3-9　安息香的 ^{1}H NMR 谱图

3. 10. 5　注意事项

(1) 维生素 B_1 在反应中作为催化剂使用，其质量对反应会产生直接的影响。维生素 B_1 通常在酸性条件下稳定，易吸水，在水溶液中易被氧化而失效。同时光、金属离子(如铜、铁、锰等)均可加速维生素 B_1 的氧化，氢氧化钠溶液中噻唑环易开环失效。

氢氧化钠能促进维生素 B_1 形成碳负离子，而反应的第一步加入的是冰冷的氢氧化钠，其目的是防止噻唑环发生开环反应。

（2）苯甲醛中不能含有苯甲酸，所以应该用新蒸馏的苯甲醛。

（3）投完原料后，必须保持反应体系呈弱碱性，调节 pH＝9～10（精密 pH 试纸）。因为碱性条件有利于碳负离子的形成。

（4）安息香重结晶溶剂：95％乙醇，沸腾时溶解度为（12～14）g/100 mL。

3.10.6　思考题

（1）试述维生素 B_1 在安息香缩合反应中的作用（催化机理）。

（2）安息香缩合、羟醛偶合、歧化反应有何不同？

（3）本实验为什么要使用新蒸馏的苯甲醛？为什么加入苯甲醛后，混合物要保持在 pH＝9～10？溶液的 pH 值过低或过高有什么不好？

3.11　肉桂酸的制备

3.11.1　实验目的

（1）掌握用珀金（Perkin）反应制备肉桂酸的原理及方法。

（2）掌握水蒸气蒸馏的原理及操作方法。

3.11.2　实验原理

在碱性催化剂的作用下，芳香醛与酸酐可以发生类似于羟醛缩合的反应，生成 α，β-不饱和芳香醛，这个反应称为 Perkin 反应。常用的碱性催化剂有：酸酐相应羧酸的钾盐或钠盐、碳酸钾和叔胺等。催化剂的主要作用是促使酸酐烯醇化，生成酸酐碳负离子。

苯甲醛和乙酸酐在无水碳酸钾存在下发生 Perkin 反应，生成肉桂酸。首先是乙酸酐在碳酸钾的作用下生成碳负离子，然后碳负离子进攻苯甲醛羰基发生亲核加成反应；经一系列反应中间体后生成 α，β-不饱和酸酐，再经水解得肉桂酸。

反应式：$C_6H_5CHO + (CH_3CO)_2O \xrightarrow[\triangle]{K_2CO_3} C_6H_5CH{=}CHCOOH$

虽然理论上肉桂酸存在顺反异构体，但通过 Perkin 反应只能得到反式肉桂酸（熔点 133℃，而顺式异构体熔点 68℃）。

3.11.3 实验仪器和药品

仪器：100 mL 三口烧瓶，空气冷凝管，250 mL 烧杯，温度计(250℃)，接引管，50 mL 锥形瓶，水蒸气蒸馏装置一套，抽滤装置一套，可控电热套。

药品：新蒸苯甲醛，乙酸酐，无水碳酸钾，10%氢氧化钠溶液，活性炭，浓盐酸，乙醇，刚果红试纸。

3.11.4 实验步骤

在 100 mL 三口圆底烧瓶中，加入 1.5 mL(0.015 mol)新蒸馏的苯甲醛、4 mL(0.036 mol)乙酸酐和 2.2 g(0.016 mol)研细的无水碳酸钾，振荡使三者混合。装上温度计和空气冷凝管(温度计水银球在液面下且不能碰到瓶底)，按回流装置装好仪器。在可控电热套上加热回流 30～40 min，温度保持在 150～170℃。由于有二氧化碳放出，初期有泡沫产生。

待反应液稍冷后(如果有固体析出，需加入 5～10 mL 左右的热水)，用玻璃棒轻轻搅动一下烧瓶中的固体；然后改回流装置为水蒸气蒸馏装置，除去未反应完的苯甲醛，直至馏出液无油珠为止。

将烧瓶冷却后，将反应液倒入盛有适量热水的烧杯中，加入 10 mL 10%氢氧化钠溶液调至溶液呈弱碱性(pH 约为 8～9)，使肉桂酸成钠盐而溶解；加入少许活性炭，加热煮沸2～3 min 脱色，趁热过滤。将滤液转入 250 mL 烧杯中，在搅拌下用 1∶1 的盐酸酸化至刚果红试纸变蓝，冷却，待肉桂酸全部析出，抽滤，并用少量水洗涤结晶，抽干(粗产物可在 30%乙醇中重结晶)。在 85℃以下烘干，称重，计算产率。

纯的肉桂酸为白色片状结晶，熔点为 135～136℃，肉桂酸的红外光谱和核磁共振氢谱图分别如图 3-10 和图 3-11 所示。

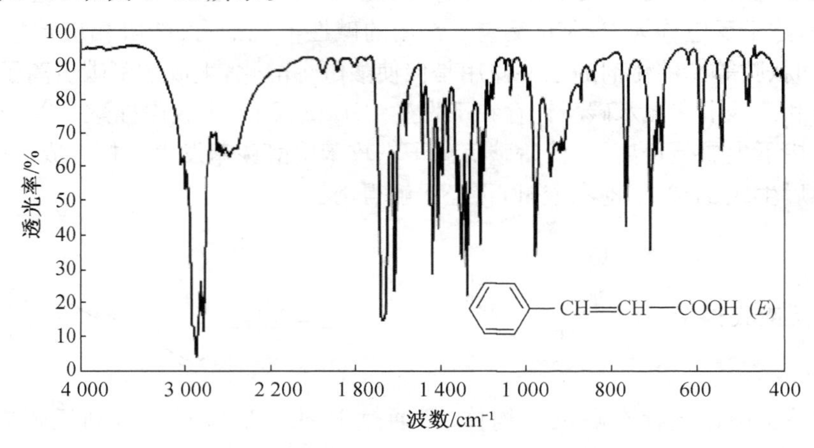

图 3-10 肉桂酸的 IR 谱图

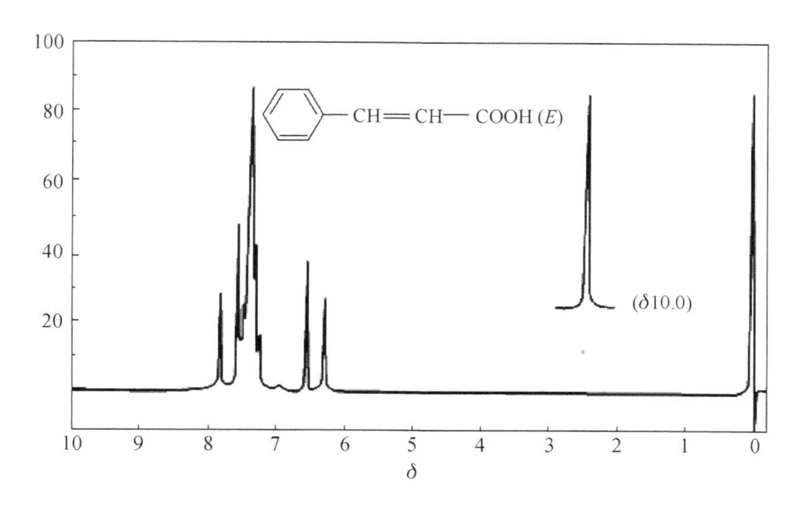

图 3-11　肉桂酸的 ^{1}H NMR 谱图

3.11.5　注意事项

(1) 所用仪器必须充分干燥,因为乙酸酐遇水即水解成乙酸;无水碳酸钾也极易吸潮。
(2) 加热回流时要使反应液始终保持微沸状态,反应时间约 40 min。
(3) 用 1∶1 的盐酸酸化时,要酸化至呈明显酸性。

3.11.6　思考题

(1) 用酸酸化时能否用浓硫酸代替?
(2) 丙酸酐与苯甲醛在无水丙酸钾存在下反应,得到什么产物? 写出反应式。
(3) 用水蒸气蒸馏除去什么? 能不能用一般蒸馏?

3.12　香豆素-3-羧酸的制备

3.12.1　实验目的

(1) 了解香豆素类化合物在自然界中的存在形式及其生物学意义。
(2) 掌握通过 Knoevenagel 反应制备香豆素-3-羧酸的原理和方法。

3.12.2　实验原理

香豆素又名香豆精,化学名为 1,2-苯并吡喃酮,为邻羟基肉桂酸的内酯;白色斜方晶体或结晶粉末，存在于许多天然植物中，它最早于1820年从香豆的种子中被发现获得，也存在于薰衣草、桂皮的精油中。香豆素具有香茅草的香气，是重要的香料，常用作定香剂，可用于配制香水、花露水、香精等，也应用于一些橡胶和塑料制品中，其衍生物还可以用作农药、杀鼠剂、医药等。由于天然植物中香豆素含量很少，大多数是通过合成获得的。

1868年，Perkin采用邻羟基苯甲醛（水杨醛）与乙酸酐、乙酸钾一起加热制得了香豆素，该方法也被称为Perkin合成法。

$$o\text{-}HOC_6H_4CHO + (CH_3CO)_2O \xrightarrow{CH_3COOK} o\text{-}HOC_6H_4CH{=}CH{-}CO_2K \xrightarrow{H_3^+O}$$

$$\text{苦马酸} + \text{香豆酸} \longrightarrow \text{香豆素}$$

苦马酸　　香豆酸　　香豆素

Perkin法具有反应时间长、反应温度高、产率不稳定等缺点。本实验采用水杨醛和丙二酸二乙酯在有机碱的催化下，在较低温度下合成香豆素的衍生物——香豆素-3-羧酸。这种在有机碱作用下的羟醛缩合反应称作Knoevenagel反应。水杨醛和丙二酸二乙酯在哌啶的催化作用下经Knoevenagel反应先生成香豆素-3-羧酸乙酯，再经氢氧化钠水解；然后加酸再次关环内酯化即生成香豆素-3-羧酸。

$$o\text{-}HOC_6H_4CHO + CH_2(CO_2C_2H_5)_2 \xrightarrow{\text{哌啶}} \text{香豆素-3-}CO_2C_2H_5$$

$$\xrightarrow{NaOH} o\text{-}NaOC_6H_4CH{=}C(CO_2Na)_2 \xrightarrow{HCl} \text{香豆素-3-}CO_2H$$

该法将Perkin法中的酸酐改为活泼亚甲基化合物，需要有一个或两个吸电子基团增加亚甲基氢的活泼性；同时，采用碱性较弱的有机碱作为催化剂避免了醛的自身缩合，扩大了缩合反应的原料使用范围。

3.12.3　实验仪器和药品

仪器：水浴锅，圆底烧瓶，回流冷凝管，干燥管，锥形瓶，减压过滤装置，熔点测定仪。

药品：水杨醛 2.5 g（2.1 mL，0.020 mol），丙二酸二乙酯 3.6 g（3.4 mL，0.022 5 mol），无水乙醇，六氢吡啶（哌啶），冰醋酸，95%乙醇，氢氧化钠，浓盐酸，无水氯化钙，沸石。

3.12.4 实验步骤

3.12.4.1 香豆素-3-甲酸乙酯的制备

在 50 mL 干燥的圆底烧瓶中，加入 2.1 mL(2.5 g，0.02 mol)水杨醛、3.4 mL(3.6 g，0.0225 mol)丙二酸二乙酯、15 mL 无水乙醇、0.3 mL 六氢吡啶和 1～2 滴冰醋酸，放入几粒沸石，装上回流冷凝管，冷凝管上口接氯化钙干燥管，在水浴上加热回流 2 h。稍冷却后将所得混合液转入锥形瓶内，加水 10 mL，冰水浴冷却使产物完全结晶析出，减压过滤，晶体用冷却的 50%乙醇洗涤两次(每次 3～5 mL)，最后将晶体压紧抽干。粗产物香豆素-3-甲酸乙酯为白色晶体，将粗品干燥，称量，计算此步反应的产率。必要时粗品可用 25%乙醇重结晶。测定粗品熔点，检测其纯度。

纯香豆素-3-羧酸乙酯的熔点为 92～93℃。

3.12.4.2 香豆素-3-羧酸的制备

在 50 mL 圆底烧瓶中，加入 2.0 g 香豆素-3-甲酸乙酯、1.5 g 氢氧化钠、10 mL 95%乙醇和 5 mL 水，再加入几粒沸石。装上回流冷凝管，加热回流，使酯和氢氧化钠全部溶解后，再继续加热回流 15 min。将反应液趁热倒入由 7.5 mL 浓盐酸和 25 mL 水混合而成的稀盐酸中进行酸化，有大量白色晶体析出，冰水浴冷却使晶体完全析出，减压过滤，用少量冰水洗涤晶体两次，压紧抽干得粗品香豆素-3-羧酸，干燥，称量。粗品可用水进行进一步重结晶纯化。

纯的香豆素-3-羧酸为白色粉末状固体，熔点 190℃(分解)。

3.12.5 注意事项

(1) 反应中加入哌啶和少量冰醋酸，可能使邻羟基苯甲醛与哌啶在酸催化下先形成亚胺基化合物，再与丙二酸二乙酯的碳负离子发生反应。

(2) 降低乙醇中香豆素-3-羧酸乙酯的溶解度，可减少产品损失。

3.12.6 思考题

(1) 试写出 Knoevenagel 法制备香豆素-3-羧酸的反应机理。反应中加入醋酸的目的是什么?

(2) 如何利用香豆素-3-羧酸制备香豆素?

3.13 呋喃甲醇和呋喃甲酸的制备

3.13.1 实验目的

(1) 了解通过 Cannizzaro 反应由呋喃甲醛制备呋喃甲醇和呋喃甲酸的基本原理和

方法。

(2) 进一步巩固洗涤、萃取、简单蒸馏、减压过滤和重结晶操作。

3.13.2 实验原理

Cannizzaro 反应又称歧化反应，是指不含 α-活泼氢的醛，在强碱存在下进行的自身氧化还原反应，一分子醛被氧化成酸，另一分子醛被还原为醇。呋喃甲酸和呋喃甲醇可以通过呋喃甲醛的歧化反应来制备。

2 (O) CHO —NaOH→ (O) CH_2OH + (O) COONa

(O) COONa —HCl→ (O) COOH + NaCl

3.13.3 实验仪器和药品

仪器：烧杯，磁力搅拌器，分液漏斗，圆底烧瓶，直形冷凝管，温度计(250℃)，电热套。

药品：8.2 mL(9.5 g，0.1 mol)呋喃甲醛，40%氢氧化钠溶液，乙醚，盐酸，无水硫酸镁。

3.13.4 实验步骤

称取 4 g 氢氧化钠溶于盛有 6 mL 水的小烧杯中，冰水浴冷却至 5℃左右。磁力搅拌下将 8.2 mL 呋喃甲醛滴加到氢氧化钠的溶液中(约需 10 min)，维持反应温度在 8～12℃，加完后于室温下继续搅拌反应 20 min，得到黄色浆状物。

在搅拌下加入适量的水(约 5 mL)使反应混合物全部溶解，此时溶液呈暗红色。将反应液转入分液漏斗中，用乙醚萃取三次(12 mL、7 mL、5 mL)，合并萃取液，加入 2 g 无水硫酸镁干燥后，水浴加热除去乙醚，再蒸馏呋喃甲醇，收集 169～172℃馏分。

纯的呋喃甲醇为无色透明液体，沸点为 171℃，折射率 n_D^{20} 为 1.486 8。

乙醚萃取过的水溶液，用浓盐酸酸化至 pH=3，冷却，待呋喃甲酸全部结晶析出，抽滤，用少许水洗涤，干燥，称重。粗产物用水重结晶。

纯的呋喃甲酸为白色针状晶体，熔点为 133～134℃。

3.13.5 注意事项

(1) 呋喃甲醛最好用新蒸馏的。

(2) 反应温度的控制：温度低于 8℃，则反应太慢；若高于 12℃，则反应温度极易上升难以控制，反应物会变成深红色。

(3) 加水溶解反应所得沉淀物时，加入的水量使沉淀刚好溶解即可，以减少苯甲酸的损失。

(4) 酸化时加入的酸量要足够，使呋喃甲酸完全析出。

(5) 反应是在两相间进行的，必须充分搅拌。

3.13.6 思考题

(1) 为什么呋喃甲醛要重新蒸馏？长期放置的呋喃甲醛可能含哪些杂质？若不事先除去对本实验有何影响？

(2) 本实验是将呋喃甲醛滴加到氢氧化钠溶液中，若滴加顺序相反，反应过程有何不同？对产率是否有影响？

(3) 影响产物收率的关键因素有哪些？

3.14 乙酸乙酯的制备

3.14.1 实验目的

(1) 了解用有机酸合成酯的一般原理及方法。

(2) 掌握回流、蒸馏和分液漏斗的使用等基本操作。

3.14.2 实验原理

主反应：

$$CH_3COOH + C_2H_5OH \xrightleftharpoons[120℃]{浓\ H_2SO_4} CH_3COOC_2H_5 + H_2O$$

副反应：

$$2CH_3CH_2OH \xrightarrow[140℃]{浓\ H_2SO_4} CH_3CH_2OCH_2CH_3 + H_2O$$

$$CH_3CH_2OH \xrightarrow[170℃]{浓\ H_2SO_4} CH_2{=}CH_2 + H_2O$$

3.14.3 实验仪器和药品

仪器：50 mL 圆底烧瓶，温度计(100℃)，温度计套管，分液漏斗，蒸馏头，50 mL 锥形瓶，直形冷凝管，可调电热套。

药品：9.5 mL(0.20 mol)无水乙醇，6 mL(0.10 mol)冰醋酸，2.5 mL 浓硫酸，饱和碳酸

钠水溶液，饱和食盐水溶液，饱和氯化钙水溶液，无水硫酸镁（或无水碳酸钾）。

3.14.4 实验步骤

3.14.4.1 乙酸乙酯的制备

在 50 mL 干燥的圆底烧瓶中加入 9.5 mL(0.20 mol)无水乙醇和 6 mL(0.10 mol)冰醋酸，振荡下慢慢加入 2.5 mL 浓硫酸，摇匀，加入 1～2 粒沸石，组装回流装置。加热回流半小时，待反应物冷却后，将回流装置改成蒸馏装置，加热蒸出生成的乙酸乙酯。直到馏出液体积约为反应物体积的 1/2 为止。

3.14.4.2 洗涤

向粗产物中逐滴加入饱和碳酸钠溶液(约 1～1.5 mL)，直到不再有二氧化碳气体逸出，有机相的 pH 值呈中性为止。然后将混合液转入分液漏斗中，振荡，静置分层后分去水相，有机相依次用5 mL 饱和食盐水、5 mL 饱和氯化钙和5 mL蒸馏水洗涤。再将有机相转入干燥的具塞锥形瓶中，用适量的无水硫酸镁干燥。

将干燥后的乙酸乙酯滤入 25 mL 蒸馏瓶中，蒸馏，收集 73～78℃馏分，称重，计算产率。

纯乙酸乙酯的沸点为 77℃，具有果香味，n_D^{20} 为 1.3723。乙酸乙酯的红外光谱和核磁共振氢谱分别如图 3-12 和图 3-13 所示。

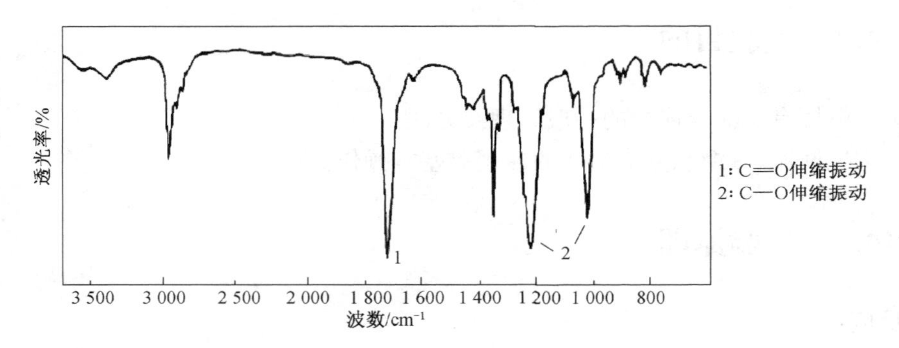

图 3-12 乙酸乙酯的 IR 谱图

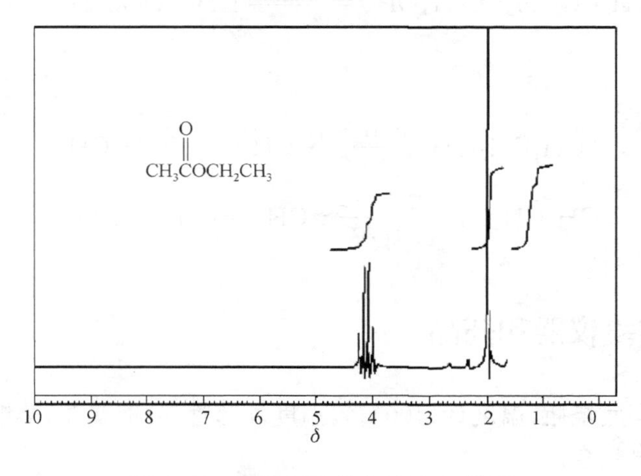

图 3-13 乙酸乙酯的 ^1H NMR 谱图

3.14.5　注意事项

（1）酯化反应时所用仪器必须干燥，包括量取乙醇和冰醋酸的量筒，以避免水影响反应平衡。

（2）加热之前一定将反应混合物混合均匀，否则容易炭化。

（3）用10%碳酸钠水溶液洗涤有机相时有二氧化碳产生，注意及时给分液漏斗放气，以免气体冲开分液漏斗的塞子而损失产品。

（4）有机相干燥要彻底，不要把干燥剂转移到蒸馏烧瓶中。

（5）反应和蒸馏时不要忘记加沸石；为减少产物的损失，蒸馏时接收器用冰水冷却。

（6）用饱和 $CaCl_2$ 溶液洗涤之前，一定要先用饱和氯化钠水溶液洗，否则会产生沉淀，给分液带来困难。

（7）乙酸乙酯与水可形成沸点为70.4℃的二元恒沸混合物（含水8.1%）；乙酸乙酯、乙醇和水可以形成沸点为70.2℃的三元恒沸混合物（含乙醇8.4%，水9%）。如果在蒸馏前不把乙酸乙酯中的乙醇和水除尽，就会有较多的前馏分。

3.14.6　思考题

（1）酯化反应有什么特点？本实验如何创造条件使酯化反应尽量向产物生成方向移动？

（2）本实验有哪些可能的副反应，如何避免？

（3）如果采用醋酸过量是否可以？为什么？

（4）在纯化过程中，Na_2CO_3 溶液、NaCl 溶液、$CaCl_2$ 溶液和 $MgSO_4$ 粉末分别能除去什么杂质？

3.15　苯甲酸乙酯的制备

3.15.1　实验目的

（1）掌握酯化反应的原理及苯甲酸乙酯的制备方法。

（2）巩固分水器的使用及液体有机化合物的精制方法。

3.15.2　实验原理

本实验由苯甲酸和乙醇在浓硫酸催化下直接酯化制备苯甲酸乙酯。根据反应方程式，采用“苯带水”的方法将反应生成的水带走，使平衡向右移动，促进反应进行完全。

$$C_6H_5COOH + CH_3CH_2OH \overset{H^+}{\rightleftharpoons} C_6H_5COOCH_2CH_3 + H_2O$$

3.15.3 实验仪器和药品

仪器：水浴锅，圆底烧瓶，回流冷凝器，分液漏斗，锥形瓶，分水器，减压蒸馏装置一套。

药品：4 g (0.033 mol)苯甲酸，10 mL (0.17 mol)无水乙醇，浓硫酸，10%碳酸钠水溶液，无水氯化钙，苯，乙醚。

3.15.4 实验步骤

在100 mL圆底烧瓶中加入4 g(0.033 mol)苯甲酸，10 mL(0.17 mol)无水乙醇，7.5 mL苯和2 mL浓硫酸，摇匀后加入几粒沸石。参照图1-2(5)，向分水器中加水至支管处然后再放去3 mL；将分水器安装在圆底烧瓶上，分水器上口接一回流冷凝管。水浴加热至沸腾，馏出液开始进入分水器，控制加热速度，防止形成液泛。分水器中的液体逐渐分为上、中、下三层，且中层越来越多。当反应进行2～3 h后，中层液体的量大约为3 mL时，即可停止加热。将分水器中下层液体放出，并记下体积。继续用水浴加热至圆底烧瓶中的苯和乙醇蒸完(当分水器充满时，可由活塞放出，注意放出时要移去火源)。

将烧瓶中残液倒入盛有30 mL冷水的烧杯中，搅拌下逐滴加入10%碳酸钠溶液，直至不再产生二氧化碳(pH=7)。转移至分液漏斗中，分出有机层，水层用10 mL乙醚萃取，醚层与有机层合并，加入无水氯化钙干燥，滤出干燥剂，先用水浴蒸除乙醚，再进行普通蒸馏，收集210～213℃的馏分，称重，计算收率。

纯苯甲酸乙酯的沸点为213℃，n_D^{20}为1.5001，苯甲酸乙酯的红外光谱和核磁共振氢谱分别如图3-14和图3-15所示。

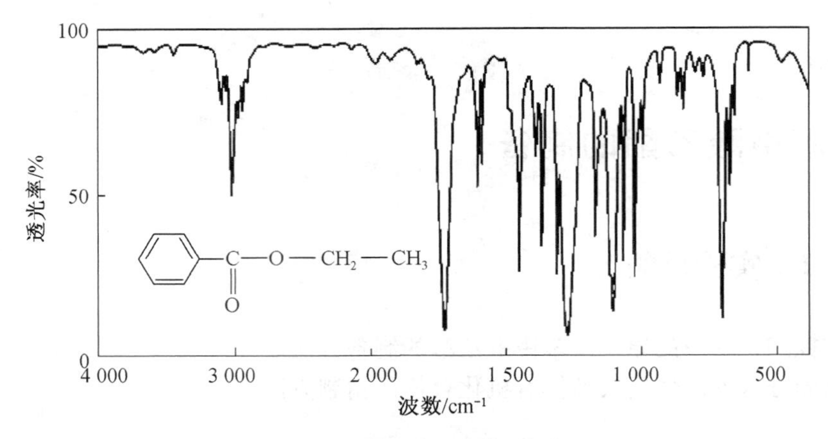

图3-14 苯甲酸乙酯的IR谱图

3.15.5 注意事项

(1) 乙醇过量的目的是为了促进反应正向进行。苯的作用是与乙醇、水形成共沸混合物，从而带走反应生成的水，同样有利于反应正向进行。回流过程中，苯、乙醇和水形成三元

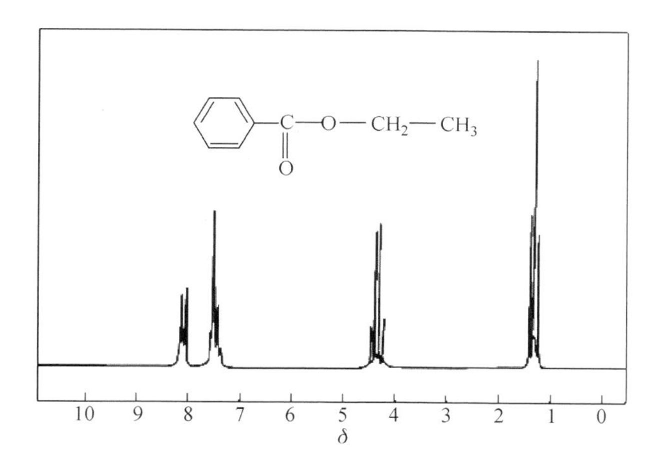

图 3-15 苯甲酸乙酯的 ^{1}H NMR 谱图

共沸物，沸点为 64.6℃。

(2) 碳酸钠可除去硫酸及未反应的苯甲酸，如加入速度过快，产生的二氧化碳会形成大量泡沫而溢出。

(3) 回流温度不宜太高，只需蒸出多余的苯和乙醇即可，若温度太高，浓硫酸会导致炭化。

(4) 加入无水 $CaCl_2$ 的目的是除去水和醇。

(5) 碱洗时要注意分液漏斗放气，否则二氧化碳的压力增大会使溶液冲出来。

(6) 蒸馏时要用空气冷凝管。

3.15.6 思考题

(1) 本实验采用何种措施提高酯的产率?

(2) 为什么采用分水器除水?

(3) 何种原料过量? 为什么? 为什么要加苯?

(4) 浓硫酸的作用是什么? 常用酯化反应的催化剂有哪些?

(5) 为什么用水浴加热回流?

(6) 在萃取和分液时，两相之间有时会出现絮状物或乳浊液，难以分层，该如何解决?

3.16 乙酰乙酸乙酯的制备

3.16.1 实验目的

(1) 了解 Claisen 酯缩合反应的原理和应用。

(2) 熟悉在酯缩合反应中金属钠的应用和操作。

(3) 掌握无水操作和减压蒸馏操作。

3.16.2 实验原理

含 α-氢的酯在强碱性试剂(如 Na、$NaNH_2$、NaH、三苯甲基钠或格氏试剂)存在下,能与另一分子酯发生 Claisen 酯缩合反应,生成 β-羰基酸酯。乙酰乙酸乙酯就是通过这一反应制备的。虽然反应中使用金属钠作缩合试剂,但真正的催化剂是钠与乙酸乙酯中残留的少量乙醇作用产生的乙醇钠。

$$2CH_3COOCH_2CH_3 \xrightarrow{C_2H_5ONa} CH_3\overset{\overset{\displaystyle O}{\|}}{C}CH_2COOCH_2CH_3 + C_2H_5OH$$

乙酰乙酸乙酯与其烯醇式是互变异构(或动态异构)现象的一个典型例子,它们是酮式和烯醇式平衡的混合物,在室温时含 92% 的酮式和 8% 的烯醇式。单个异构体具有不同的性质并能分离为纯态,但在微量酸碱催化下,迅速转化为两者的平衡混合物。

3.16.3 实验仪器和药品

仪器:圆底烧瓶,冷凝管,干燥管,分液漏斗,蒸馏头,三角瓶,真空泵,电热套,抽滤装置。

药品:乙酸乙酯 25 g(27.5 mL, 0.38 mol),金属钠 2.5 g(0.11 mol),二甲苯, 50%冰醋酸,氯化钙,饱和氯化钠水溶液,无水硫酸钠。

3.16.4 实验步骤

在 100 mL 干燥的圆底烧瓶中加入 2.5 g(0.11 mol)清除掉表面氧化膜的金属钠,立即加入 12.5 mL 干燥的二甲苯,装上回流冷凝管,在电热套上用小火将混合物加热至金属钠全部熔融,停止加热。立即取下烧瓶,用塞子塞紧瓶口,沿垂直方向用力振摇,使金属钠成为细粒状钠珠;冷却至室温,倒出二甲苯,迅速加入 27.5 mL 已干燥过的乙酸乙酯,迅速装上带有氯化钙干燥管的冷凝管,反应立即开始并伴有气泡产生;如不反应,小火加热,保持微沸状态回流,直至金属钠全部消失,停止加热,这时混合液变为透明溶液(有时有黄白色沉淀析出)。稍冷后,取下圆底烧瓶,振荡下慢慢加入 15 mL 50%醋酸,至反应液呈弱酸性(pH=5~6),此时溶液中固体物质都已溶解;将反应液转移至分液漏斗中,加入等体积的饱和食盐水,振荡,静置,分出有机层,水层用 5 mL 乙酸乙酯萃取,萃取液与酯层合并,用无水硫酸钠干燥。

将干燥过的液体滤到圆底烧瓶中,先在常压下蒸馏除去乙酸乙酯,然后改用减压蒸馏,在相应压力下蒸出乙酰乙酸乙酯,产量约 6 g。

乙酰乙酸乙酯的沸点为 180.4℃(同时分解),折光率 $n_D^{20}=1.4194$,乙酰乙酸乙酯的红外光谱和核磁共振氢谱分别如图 3-16 和图 3-17 所示。

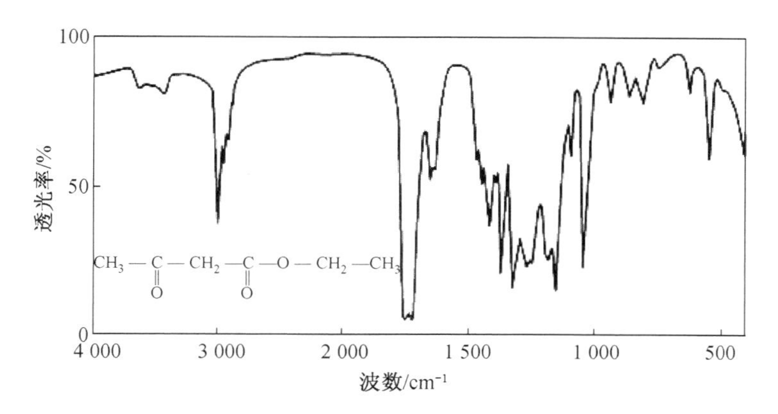

图3-16　乙酰乙酸乙酯的IR谱图

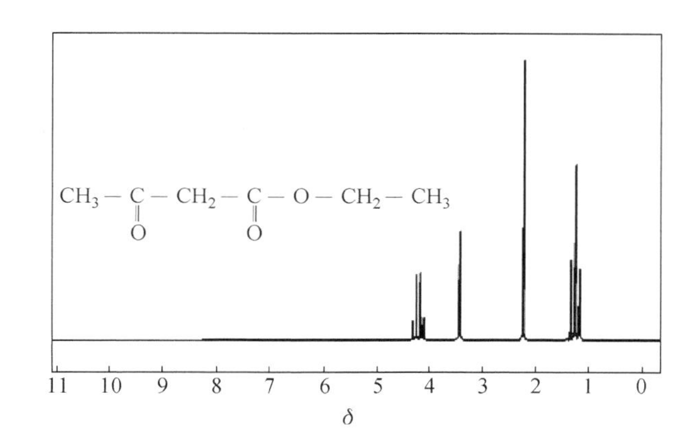

图3-17　乙酰乙酸乙酯的 ^1H NMR谱图

3.16.5　注意事项

（1）反应中所用试剂及仪器必须干燥无水。

（2）钠遇水易燃烧、爆炸，使用时应十分小心。

（3）钠珠的制作过程要迅速，且要来回用力振荡，以免瓶内温度下降而使钠珠结块。

3.16.6　思考题

（1）为什么使用二甲苯作溶剂，而不用苯或甲苯？

（2）为什么要做钠珠？

（3）为什么用醋酸酸化，而不用稀盐酸或稀硫酸酸化？为什么要调到弱酸性，而不是中性？

（4）加入饱和食盐水的目的是什么？

（5）中和过程开始时析出的少量固体是什么？

(6) 乙酰乙酸乙酯沸点并不是非常高,为什么要用减压蒸馏的方式?

3.17 乙酰水杨酸(阿司匹林)的制备

3.17.1 实验目的

(1) 学习利用酚类的酰化反应制备乙酰水杨酸的原理和方法。

(2) 掌握重结晶、减压过滤、洗涤、干燥、熔点测定等基本操作。

3.17.2 实验原理

乙酰水杨酸(又称阿司匹林,Aspirin)是一种非常普遍的治疗感冒的药物,具有镇痛、退热及抗风湿等功效,同时还有软化血管的作用。近年来的研究结果表明,阿司匹林能降低肠癌的发生率。

水杨酸是一个具有双官能团的化合物,酚羟基和羧基都可以发生酯化反应。水杨酸经乙酸酐酰化后生成乙酰水杨酸。

主反应:

$$\text{C}_6\text{H}_4(\text{COOH})(\text{OH}) + (\text{CH}_3\text{CO})_2\text{O} \xrightarrow{\text{H}_2\text{SO}_4} \text{C}_6\text{H}_4(\text{COOH})(\text{OCOCH}_3) + \text{CH}_3\text{COOH}$$

副反应:

$$n\ \text{HO-C}_6\text{H}_4\text{-COOH} \xrightarrow{\text{H}_2\text{SO}_4} \left[\text{-O-C}_6\text{H}_4\text{-C(=O)-O-C}_6\text{H}_4\text{-C(=O)-O-C}_6\text{H}_4\text{-C(=O)-O-}\right]_n + (n-1)\text{H}_2\text{O}$$

在生成乙酰水杨酸的同时,水杨酸分子之间也可能发生缩合反应,生成少量的聚合物。乙酰水杨酸能与碳酸钠反应生成水溶性盐,而副产物聚合物不溶于碳酸钠溶液,利用这种性质上的差异,可把聚合物从乙酰水杨酸中除去。

3.17.3 实验仪器和药品

仪器:锥形瓶,温度计,抽滤装置,表面皿,烧杯。

药品:2 g(0.014 mol)水杨酸,5 mL(5.4 g, 0.05 mol)乙酸酐,浓硫酸,浓盐酸,乙酸乙酯,饱和碳酸氢钠水溶液,1% $FeCl_3$ 溶液。

3.17.4　实验步骤

在 150 mL 的锥形瓶中加入 2 g 水杨酸、5 mL 新蒸的乙酸酐和 5 滴浓硫酸，充分摇荡锥形瓶使水杨酸全部溶解后，在水浴中加热，控制水浴温度在 80～90℃维持 5～10 min。取出锥形瓶，边摇边滴加 1 mL 冷水，然后快速倒入 50 mL 冷水，而后将锥形瓶立即放入冰水浴中冷却使晶体析出。若无晶体出现，可用玻璃棒摩擦内壁促进结晶(注意必须在冰水浴中进行)。待晶体完全析出后用布氏漏斗抽滤，用少量冰水分两次洗涤晶体，抽干，得乙酰水杨酸粗产品。

将粗产品转移到 100 mL 烧杯中，在搅拌下慢慢加入 25 mL 饱和碳酸氢钠溶液，加完后继续搅拌几分钟，直到无二氧化碳气体产生为止。抽滤，副产物聚合物被滤出，用 5～10 mL 水洗涤，将滤液倒入预先盛有 4～5 mL 浓盐酸和 10 mL 水配成溶液的烧杯中，搅拌均匀，即有乙酰水杨酸沉淀析出。用冰水冷却，使沉淀完全。减压过滤，用冷水洗涤两次，抽干水分。将晶体置于表面皿上，蒸气浴干燥，得乙酰水杨酸产品。测定熔点，并计算产率(约 1.5 g)。

取几粒结晶加入盛有 5 mL 水的试管中，加入 1～2 滴 1%的三氯化铁溶液，观察有无颜色反应。

乙酰水杨酸为白色针状晶体，熔点为 135～136℃，乙酰水杨酸的红外光谱和核磁共振氢谱分别如图 3-18 和图 3-19 所示。

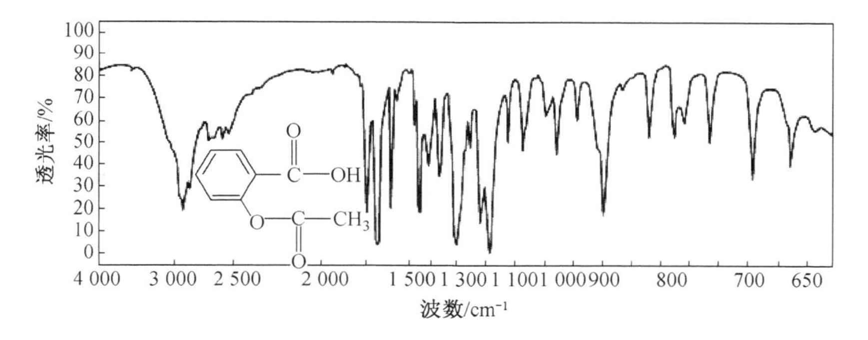

图 3-18　乙酰水杨酸的 IR 谱图

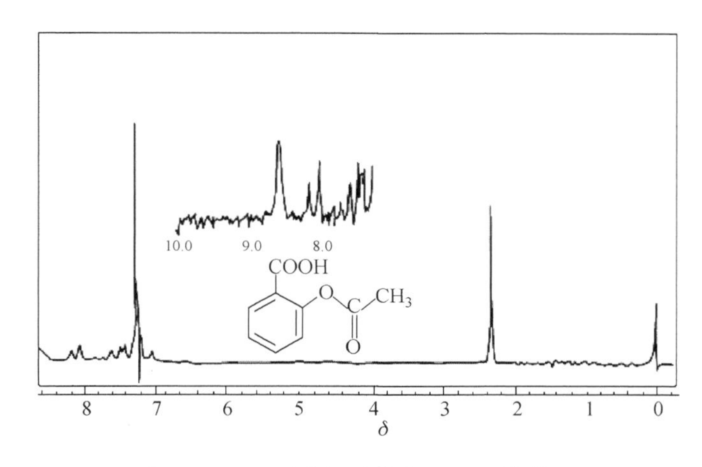

图 3-19　乙酰水杨酸的 ^{1}H NMR 的谱图

3.17.5 注意事项

(1) 由于水杨酸分子内氢键的作用,水杨酸与乙酸酐直接反应需要在150～160℃才能发生。加入酸的目的主要是为了破坏氢键,使反应在较低的温度下(90℃)就可以进行,而且可以大大减少副产物,因此实验中要注意控制好温度。

(2) 注意加样顺序,如果先加水杨酸和浓硫酸,水杨酸就会被氧化。

(3) 制备实验中,所用仪器应经过干燥处理,药品也要事先经过干燥处理。乙酸酐需重新蒸馏,收集139～140℃的馏分。

(4) 乙酰水杨酸受热易分解,分解温度为126～135℃。因此在烘干、重结晶、熔点测定时均不宜长时间加热。如用毛细管测熔点,可以先将热载体加热至120℃左右,再放入毛细管测定。

(5) 如果粗产品中有未反应的水杨酸,用1%的三氯化铁溶液检验会显紫色。

(6) 粗产品也可用1∶1(体积比)的稀盐酸,或苯和石油醚(30～60℃)的混合溶剂进行重结晶。

3.17.6 思考题

(1) 本实验为什么不能在回流条件下长时间反应?

(2) 反应后加水的目的是什么?

(3) 第一步的结晶粗产品中可能含有哪些杂质?

(4) 当结晶困难时,可用玻璃棒在器皿内壁上摩擦,即可析出晶体,试述其原因。除此之外,还有什么方法可以让其快速结晶?

(5) 在水杨酸与乙酸酐的反应过程中,浓硫酸起什么作用?

(6) 在硫酸存在下,水杨酸与乙醇作用将会得到什么产物?写出反应方程式。

3.18 苯胺的制备

3.18.1 实验目的

(1) 掌握硝基苯还原为苯胺的实验方法和原理。

(2) 巩固水蒸气蒸馏和简单蒸馏等基本操作。

3.18.2 实验原理

芳胺的制取不能通过芳烃的亲电取代反应完成,因为该类型反应不能将氨基直接导入芳环中。而芳香族硝基化合物在酸性介质中还原,可以得到相应的芳香族伯胺。常用的还原剂有铁-盐酸、铁-醋酸、锡-盐酸等。工业上用铁粉和盐酸还原硝基苯制备苯胺，会产生大量含苯胺的铁泥，造成环境污染，所以逐渐改用催化加氢的方法；常用的催化剂为镍、铂、钯等。实验室制备芳胺，铁粉还原法仍然是一个常用的方法。

苯胺有毒，操作时避免与皮肤接触或吸入蒸气。

$$4\,C_6H_5NO_2 + 9Fe + 4H_2O \xrightarrow{H^+} 4\,C_6H_5NH_2 + 3Fe_3O_4$$

3.18.3　实验仪器和药品

仪器：150 mL 二口烧瓶，冷凝管，水蒸气发生装置，尾接管，接收瓶。

药品：硝基苯，乙醚，碳酸钠，氢氧化钠，冰醋酸，铁粉，饱和氯化钠溶液。

3.18.4　实验步骤

将 9 g(0.16 mol)铁粉、17 mL H_2O、1 mL 冰醋酸加入 150 mL 二口烧瓶中，振荡混匀，装上回流冷凝管、滴液漏斗。在电热套上小火加热煮沸约 3～5 min。稍冷后，从滴液漏斗分批加入 7 mL 硝基苯，每次加完后要用力振摇，使反应物充分混合。由于反应放热，当每次加入硝基苯时，均有一阵剧烈的反应发生。硝基苯加完后，将反应物加热回流 0.5 h，在回流过程中时常摇动烧瓶，使反应完全。此时，冷凝管回流液应不再呈现硝基苯的黄色。

将回流装置改为水蒸气蒸馏装置，进行水蒸气蒸馏，至馏出液变澄清，再多收集 5～6 mL，向馏出液中加入 13 g 氯化钠饱和后，分出苯胺层，水层用 3×7 mL 乙醚萃取三次。合并苯胺层和醚萃取液，用粒状氢氧化钠干燥。将干燥后的苯胺醚溶液，先在水浴上蒸去乙醚，残留物用空气冷凝管蒸馏，收集 182～185℃馏分，产量 4～4.5 g。

纯苯胺的沸点为 184.4℃，n_D^{20} 为 1.5863，苯胺的红外光谱和核磁共振氢谱分别如图 3-20 和图 3-21 所示。

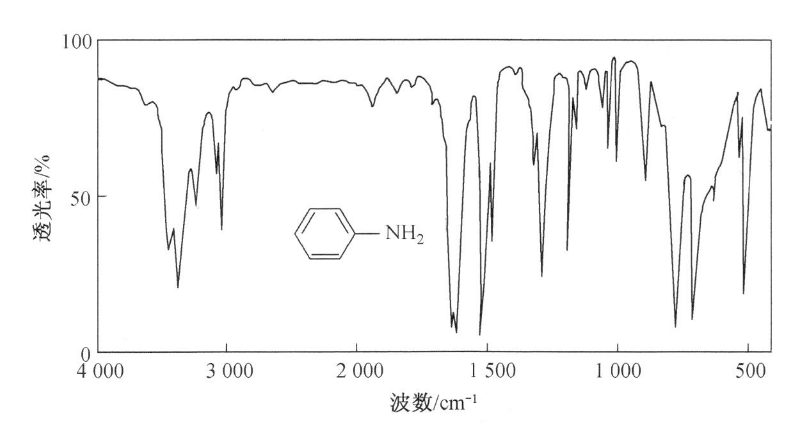

图 3-20　苯胺的 IR 谱图

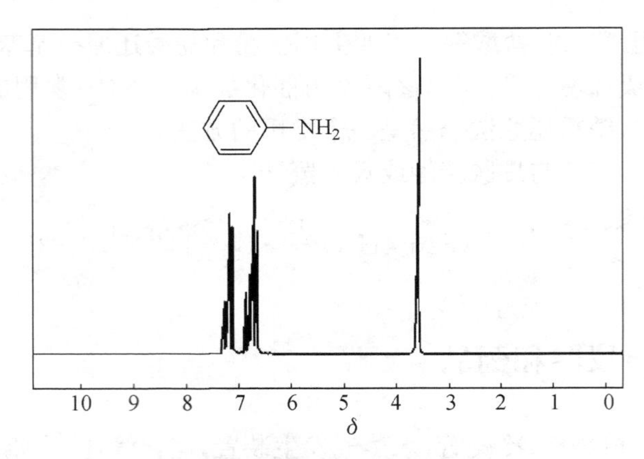

图 3-21　苯胺的 ¹H NMR 谱图

3.18.5　注意事项

(1) 本实验是一个放热反应，并且也是一个非均相反应(油/水/固三相)。当每次加入硝基苯时均有一阵剧烈的反应发生，所以在实际操作中需注意控制反应温度，防止温度过高或聚热而引起冲料；要充分振荡，保持瓶内反应物之间充分接触。

(2) 硝基苯为黄色油状物，如果回流液中黄色油状物消失，而转变成乳白色油珠，表示反应已完全。

(3) 反应完后，圆底烧瓶上黏附的黑褐色物质，用 1∶1 盐酸水溶液温热除去。

(4) 在 20℃时每 100 g 水中可溶解 3.4 g 苯胺，根据盐析原理，加氯化钠使溶液饱和，则可减少苯胺的溶解损失。

(5) 因为氯化钙与苯胺能形成分子化合物，所以本实验用氢氧化钠干燥。

(6) 当反应完成后，部分苯胺以盐酸盐的形式存在，将反应混合物调节至强碱性，使苯胺盐酸盐完全以苯胺形式游离出来，而副产物对羟基苯胺则以酚钠形式存在，完全是水溶性的。

(7) 进行水蒸气蒸馏时，苯酚、不挥发性盐及联苯胺等都留在残液中，而馏出液中含苯胺和硝基苯。

(8) 除蒸馏外，从硝基苯中分离出苯胺也可以用下列方法：将水蒸气蒸馏得到的混合物用盐酸酸化，再度使苯胺成为盐酸盐而溶于水中，而用乙醚将硝基苯萃取出来。然后将水层碱化，使苯胺游离出来，再用乙醚萃取水层中的苯胺。

3.18.6　思考题

(1) 有机物必须具备什么性质，才能采用水蒸气蒸馏分离？本实验根据什么原理，选择水蒸气蒸馏把苯胺从反应混合物中分离出来？

(2) 精制苯胺时，为何用粒状的氢氧化钠作干燥剂而不用硫酸镁或氯化钙？

3.19 乙酰苯胺的制备

3.19.1 实验目的

(1) 掌握苯胺酰基化反应的原理和实验操作。
(2) 学习固体有机物的提纯方法——重结晶的基本操作。
(3) 掌握分馏操作技术。

3.19.2 实验原理

乙酰苯胺具有退热镇痛作用,是较早使用的解热镇痛药,有"退热冰"之称。乙酰苯胺可由苯胺与乙酰化试剂如:乙酰氯、乙酐或乙酸等直接作用来制备。反应活性是乙酰氯>乙酐>乙酸。由于乙酰氯和乙酐的价格较贵,本实验选用乙酸作为乙酰化试剂,反应如下:

$$C_6H_5-NH_2 + CH_3COOH \underset{\triangle}{\overset{Zn}{\rightleftharpoons}} C_6H_5-NH-\overset{O}{\overset{\|}{C}}-CH_3 + H_2O$$

乙酰苯胺本身是重要的药物,而且是磺胺类药物合成中重要的中间体。本实验除了在合成中的重要意义外,还有保护芳环上氨基的作用。由于芳环上的氨基易氧化,通常先将其乙酰化,然后在芳环上引入其他所需基团,再利用酰胺能水解成胺的性质,恢复氨基。

3.19.3 实验仪器和药品

仪器:50 mL 圆底烧瓶,韦氏分馏柱,温度计(150℃),抽滤瓶,布氏漏斗,量筒,滤纸,尾接管,500 mL 烧杯,循环水真空泵,可调电热套。

药品:新蒸的 5 mL(0.055 mol)苯胺、7.5 mL (0.13 mol)冰醋酸,锌粉,活性炭。

3.19.4 实验步骤

3.19.4.1 制备

在 50 mL 圆底烧瓶中,加入 5 mL 新蒸馏的苯胺,7.5 mL 冰醋酸和少许锌粉。按照分馏反应装置装好仪器(可以不用冷凝管,直接将尾接管接在分馏柱支管上)。用电热套缓慢加热至反应物沸腾,保持微沸 15 min 后调节电压升温,当温度升至约 105℃时开始分馏。维持温度在 105℃左右约 45 min,接收馏出液约 4 mL。当温度计的读数不断下降时,则表明反应达到终点,即可停止加热。

3.19.4.2 结晶抽滤

将反应液趁热以细流倒入装有 100 mL 冷水的烧杯中,边倒边搅拌,此时有细粒状固体析出。冷却后用抽滤装置抽滤,并用冷水洗涤固体两次,得到白色或淡黄色的乙酰苯胺粗品。

3.19.4.3 重结晶

将粗产品转移到烧杯中，加入 100 mL 水，在搅拌下加热至沸腾。观察是否有未溶解的油状物，如有则补加热水，直到油珠全溶。稍冷后，加入 0.5 g 活性炭，并煮沸 1～2 min。在保温漏斗中趁热过滤除去活性炭等不溶性杂质。滤液倒入烧杯中，然后自然冷却至室温，再用冰水冷却，待结晶完全析出后，进行抽滤。用少量冷水洗涤滤饼两次，压紧抽干。将结晶转移至表面皿中，自然晾干或者烘干后称重，计算产率。

纯乙酰苯胺为白色鳞片状晶体，熔点为 114.3℃，乙酰苯胺的红外光谱及核磁共振氢谱分别如图 3-22 和图 3-23 所示。

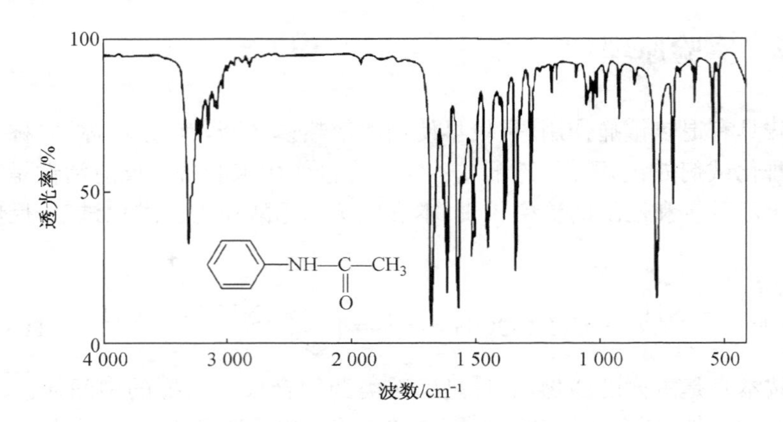

图 3-22 乙酰苯胺的 IR 谱图

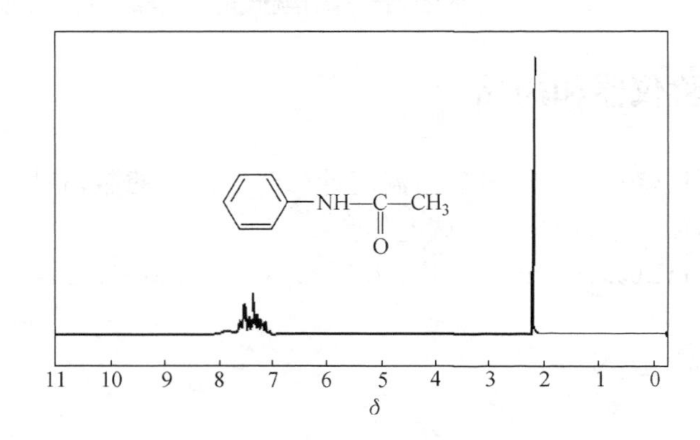

图 3-23 乙酰苯胺的 ^{1}H NMR 谱图

3.19.5 注意事项

(1) 锌粉的作用是防止苯胺氧化，只要少量即可，加得过多，会出现不溶于水的氢氧化物。

(2) 反应时分馏温度不能太高，以免大量乙酸蒸出而降低产率。

(3) 重结晶时，晶体可能不能从过饱和溶液中析出，可用玻璃棒摩擦烧杯内壁或加入晶种使晶体析出。

(4) 切不可向沸腾的溶液中加入活性炭,以免引起暴沸。

(5) 久置的苯胺因为氧化而颜色较深,使用前要重新蒸馏。因为苯胺的沸点较高,蒸馏时选用空气冷凝管冷凝,或采用减压蒸馏。

(6) 反应液冷却,则会析出乙酰苯胺固体,粘在烧瓶壁上不易处理,所以应趁热将反应液倒出。

(7) 趁热过滤时,也可采用抽滤装置,但布氏漏斗要预热,抽滤过程要快,避免产品在布氏漏斗中结晶。

3.19.6 思考题

(1) 用乙酸酰化制备乙酰苯胺时该如何提高产率?

(2) 反应温度为什么控制在105℃左右?反应温度过高或过低对实验有什么影响?

(3) 根据反应式计算,理论上能产生多少毫升水?为什么实际收集的液体量多于理论量?

(4) 反应终点时,温度计的温度为何下降?

3.20 对乙酰氨基苯磺酰氯的制备

3.20.1 实验目的

(1) 熟悉对乙酰氨基苯磺酰氯的制备方法和意义。

(2) 掌握气体捕集器的使用,结晶和过滤等基本操作。

3.20.2 实验原理

对乙酰氨基苯磺酰氯是制备对氨基苯磺酰胺的中间体,可由乙酰苯胺的氯磺化反应制得。

$$C_6H_5NHCOCH_3 + HOSO_2Cl \longrightarrow p\text{-}CH_3CONHC_6H_4SO_2Cl$$

3.20.3 实验仪器和药品

仪器:锥形瓶,抽滤瓶,烧杯,布氏漏斗,量筒。

药品:5 g(0.037 mol)乙酰苯胺(自制),12.5 mL(22.5 g, 0.19 mol)氯磺酸,冰。

3.20.4 实验步骤

在 100 mL 干燥的锥形瓶中，加入 5 g(0.037 mol)干燥的乙酰苯胺，用小火加热熔化。瓶壁上若有少量水汽凝结，应用干净的滤纸吸去。冷却，使熔化物凝结成薄膜状，塞好瓶塞，将锥形瓶置于冰水浴中冷却备用。

用干燥的量筒量取 12.5 mL(22.5 g，0.19 mol)氯磺酸，迅速加入到锥形瓶中，立即塞上带有氯化氢导气管的塞子，导气管另一端通入吸收瓶中(参照图 1-6 (2))。不断振摇锥形瓶使反应物充分接触。反应很快发生，保持反应温度在 15℃以下，若反应过于剧烈，可用冰水浴冷却。待反应缓和后，旋摇锥形瓶使固体溶解，然后再在温水浴(60～70℃)中加热 10 min 使反应完全。

待反应液在冰水浴中完全冷却后，将其慢慢倒入到盛有 75 g 碎冰的烧杯中，同时用力搅拌；用少量冷水洗涤反应瓶，洗涤液倒入烧杯中。继续搅拌数分钟，此时，对乙酰氨基苯磺酰氯呈白色或粉红色块状沉淀析出，抽滤，用少量冷水洗涤 2～3 次，抽干。得对乙酰氨基苯磺酰氯的粗品。粗产品不需要进一步精制，即可作为中间体直接用于其他反应，但不能久置。

纯对乙酰氨基苯磺酰氯是白色针状晶体，熔点为 149℃，对乙酰氨基苯磺酰氯的红外光谱如图 3-24 所示。

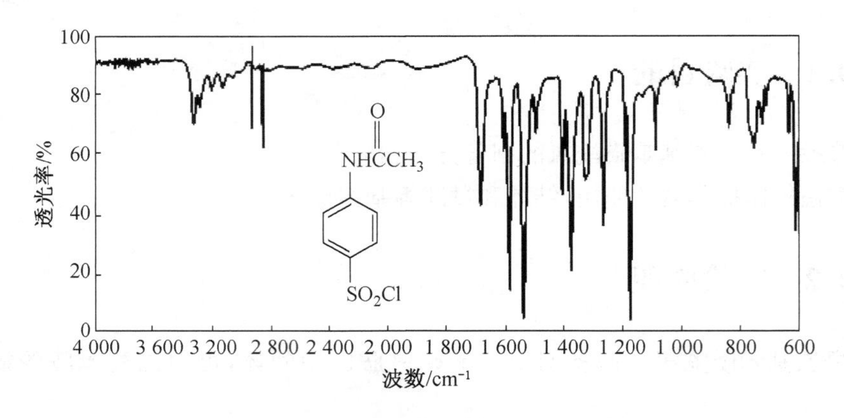

图 3-24 对乙酰氨基苯磺酰氯的 IR 谱图

3.20.5 注意事项

(1) 氯磺酸对皮肤和衣服的腐蚀性较强，遇水则发生剧烈的分解，仪器必须干燥无水，使用时要小心。

(2) 乙酰苯胺与氯磺酸反应太剧烈，必须先将盛乙酰苯胺的三角瓶在冷水中冷却，然后再滴加氯磺酸，否则容易发生副反应。

(3) 在氯磺化过程中，将有大量氯化氢气体放出，为避免污染室内空气，装置应严密不透气，导气管的末端要与吸收瓶内的水面接近，但不能插入水中，否则可能因为倒吸而引发严重事故。

(4) 粗制乙酰氨基苯磺酰氯,放久后会分解,所以应立即转入下一步合成中使用。

3.20.6 思考题

(1) 本实验加入氯磺酸时为什么保持反应温度在15℃以下?

(2) 为什么在氯磺化反应完成以后处理反应混合物时,必须移到通风橱中,且在充分搅拌下缓缓倒入碎冰中?若在倒完前冰就融化完了,是否应补加冰块?为什么?

(3) 为什么苯胺要乙酰化后再氯磺化?如果直接氯磺化行吗?

3.21 对氨基苯磺酰胺的制备

3.21.1 实验目的

(1) 学习对氨基苯磺酰胺的制备方法。

(2) 通过对氨基苯磺酰胺的制备,掌握酰氯的氨解和乙酰氨基衍生物的水解方法。

(3) 巩固回流、重结晶等基本操作。

3.21.2 实验原理

对氨基苯磺酰胺是一种简单的磺胺类药物,俗称SN,它是以乙酰苯胺为原料,再经过氯磺化和氨解,最后在酸性介质中水解脱去乙酰基而制得的。

$$p\text{-}CH_3CONH\text{-}C_6H_4\text{-}SO_2Cl + NH_3 \longrightarrow p\text{-}CH_3CONH\text{-}C_6H_4\text{-}SO_2NH_2$$

$$p\text{-}CH_3CONH\text{-}C_6H_4\text{-}SO_2NH_2 + H_2O \xrightarrow{H^+} p\text{-}H_2N\text{-}C_6H_4\text{-}SO_2NH_2$$

3.21.3 实验仪器和药品

仪器:回流装置,抽滤装置。

药品:浓氨水,浓盐酸,碳酸钾,乙酰氨基苯磺酰氯。

3.21.4 实验步骤

将实验 3.20 制备的对乙酰氨基苯磺酰氯粗产品转入 50 mL 烧杯中，不断搅拌下慢慢加入浓氨水 17.5 mL(28%，相对密度 0.9)，立即发生放热反应生成糊状物。加完后继续搅拌 15 min，使反应完全。然后加入 10 mL 水，在水浴中(70℃)缓缓加热10 min，并不断搅拌，以除去多余的氨。得到的混合物可直接用于下一步反应。

将对乙酰氨基苯磺酰胺粗品放入 50 mL 圆底烧瓶中，加入 20 mL 10%盐酸，装上回流冷凝管，小火加热回流约 0.5 h，产品完全溶解后，冷却至室温(若溶液呈黄色，则加入少量活性炭脱色)，在搅拌下加入固体碳酸钾(约 4 g)调节 pH 为 7～8，冷却，固体析出，抽滤，水洗，烘干，称重，测熔点。粗产品可用水重结晶(每克产物约需 12 mL 水)，产量约 3～4 g。

纯对氨基苯磺酰胺为白色叶片状晶体，熔点为 165～166℃，对氨基苯磺酰胺的红外光谱和核磁共振氢谱分别如图 3-25 和图 3-26 所示。

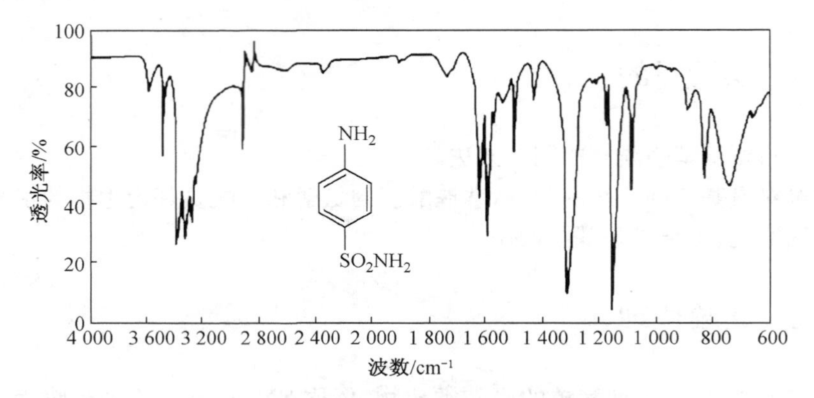

图 3-25 对氨基苯磺酰胺的 IR 谱图

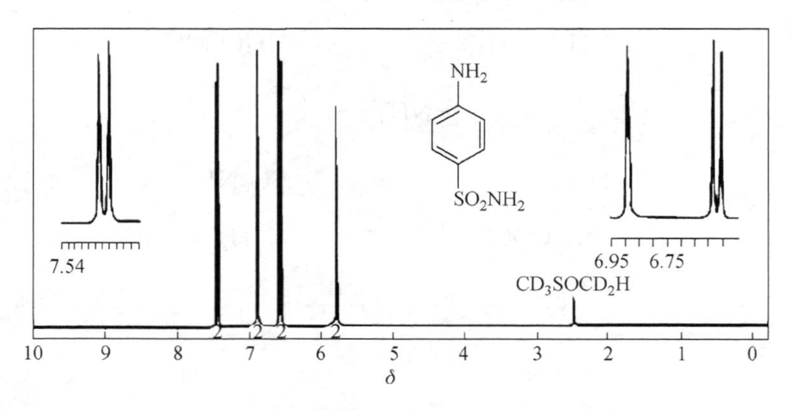

图 3-26 对氨基苯磺酰胺的 ^{1}H NMR 谱图

3.21.5 注意事项

(1) 用碳酸钾中和滤液中的盐酸时有二氧化碳生成，需要控制加入的速度，并且不断搅拌以免将产物冲出。

（2）用碱中和滤液中的盐酸，使对氨基苯磺酰胺析出。但磺胺是两性化合物，能溶于强酸或强碱中，故中和操作必须控制碳酸钾的用量，以免降低产量。

（3）在加碱前，若溶液呈黄色，则应用活性炭脱色。

（4）整个实验过程最好在通风橱中进行。

3.21.6 思考题

如何理解对氨基苯磺酰胺是两性物质？试用反应式表示磺胺与稀酸和稀碱的反应。

3.22 甲基橙的制备

3.22.1 实验目的

（1）学习重氮化反应和偶合反应的实验原理及操作。

（2）巩固重结晶的基本操作。

3.22.2 实验原理

甲基橙是一种指示剂，是由对氨基苯磺酸重氮盐与 N，N-二甲基苯胺的醋酸盐在弱酸性介质中偶合得到的。首先得到嫩红色的酸式甲基橙，称为酸性黄，而后在碱性条件下，变为橙黄色的钠盐，即甲基橙。

$$\left[H_2N-C_6H_4-SO_3H \rightleftharpoons H_3N^+-C_6H_4-SO_3^- \right] \xrightarrow{NaOH} H_2N-C_6H_4-SO_3Na$$

$$H_2N-C_6H_4-SO_3Na \xrightarrow[0\sim5℃]{NaNO_2,\ HCl} \left[N^+\equiv N-C_6H_4-SO_3H \right] Cl^-$$

$$\xrightarrow[HAc]{PhN(CH_3)_2} \left[HO_3S-C_6H_4-N=N-C_6H_4-NH(CH_3)_2 \right]^+ Ac^-$$

酸性黄（红色）

$$\xrightarrow{NaOH} NaO_3S-C_6H_4-N=N-C_6H_4-N(CH_3)_2$$

甲基橙（橙色）

3.22.3 实验仪器和药品

仪器:烧杯,温度计,表面皿,可调电热套,冰箱,玻璃棒,抽滤装置一套,烘箱。

药品:2 g(0.012 mol)对氨基苯磺酸,10 mL 5%氢氧化钠溶液,0.8 g(0.012 mol)亚硝酸钠,冰块,15 mL 10% 氢氧化钠溶液,2.5 mL 浓盐酸,1 mL 冰醋酸,1.3 mL *N*, *N*-二甲基苯胺,饱和氯化钠溶液,淀粉-碘化钾试纸, 1%氢氧化钠溶液,乙醇,乙醚。

3.22.4 实验步骤

3.22.4.1 重氮盐的制备

在 100 mL 烧杯中,加入 2 g 对氨基苯磺酸和 10 mL 5%的氢氧化钠溶液,温热使结晶溶解,冷却;另在一试管中配制含 0.8 g 亚硝酸钠和 3 mL 水的溶液。将亚硝酸钠溶液加入上述烧杯中,置于冰水浴中冷却备用。向另一烧杯中加入 13 mL 冷水和 2.5 mL 浓盐酸,混匀后于冰水浴中冷却(<5℃),搅拌下将第一个烧杯中的混合液慢慢加入其中,滴加完毕用淀粉-碘化钾试纸检验(若不呈现蓝色,需补加亚硝酸钠溶液),然后继续在冰水浴中搅拌 15 min,使反应完全。

3.22.4.2 偶合反应

在一试管中加入 1.3 mL *N*, *N*-二甲基苯胺和 1 mL 冰醋酸,振荡混匀。在搅拌下将此混合液缓慢加到上述于冰水浴冷却的重氮盐溶液中,加完后继续于冰水浴中搅拌反应 10 min。然后缓缓加入约 15 mL 10%氢氧化钠溶液,直至反应物变为橙色(此时反应液为碱性),此时甲基橙粗品呈细粒状沉淀析出。

将反应物加热沸腾使主产物全部溶解,稍冷后,再置于冰水浴中冷却,使甲基橙晶体析出完全。再依次用少量饱和氯化钠溶液、乙醇和乙醚洗涤,压紧抽干。

3.22.4.3 重结晶

粗产品用 1%氢氧化钠溶液进行重结晶。待结晶析出完全后抽滤,依次用少量水、乙醇和乙醚洗涤,压紧抽干,得片状结晶,产量约 2.5 g。

将少许甲基橙溶于水中,加几滴稀盐酸,然后再用稀碱中和,观察颜色变化。

3.22.5 注意事项

(1) 对氨基苯磺酸为两性化合物,酸性强于碱性,它能与碱作用成盐而不能与酸作用成盐。

(2) 重氮化过程中,应严格控制温度,若反应温度高于 5℃,生成的重氨盐易分解,降低产率。

(3) 若淀粉-碘化钾试纸不变蓝色,则需补充少许亚硝酸钠溶液。

(4) 重结晶操作要迅速,否则由于产物呈碱性,在温度高时易变质,颜色变深。用乙醇和乙醚洗涤的目的是为了使产品快速干燥。

3.22.6 思考题

（1）在重氮盐制备前为什么还要加入氢氧化钠？如果直接将对氨基苯磺酸与盐酸混合后，再加入亚硝酸钠溶液进行重氮化操作行吗？为什么？

（2）制备重氮盐为什么要维持0～5℃的低温，温度高有何不良影响？

（3）重氮化为什么要在强酸性条件下进行？偶合反应为什么要在弱酸性条件下进行？

（4）*N*，*N*-二甲基苯胺与重氮盐的偶合反应为什么总是在氨基的对位上发生？

3.23 二苯甲酮肟的制备及其重排

3.23.1 实验目的

（1）学习实验室制备二苯甲酮肟的方法。

（2）掌握 Beckmann 重排反应的原理及应用。

3.23.2 实验原理

脂肪酮或芳香酮都可以和羟胺作用生成酮肟。

$$R_1COR_2 + NH_2OH \longrightarrow R_1R_2C{=}NOH + H_2O$$

酮肟在酸性催化剂，如硫酸、多聚磷酸、苯磺酰氯等的作用下，发生分子重排反应，生成相应的酰胺，这个反应称为 Beckmann 重排反应。

$$R_1R_2C{=}N{-}OH \xrightarrow{H^+} R_1R_2C{=}N{-}\overset{+}{O}H_2 \xrightarrow{-H_2O} R_1R_2C{=}\overset{\oplus}{N} \longrightarrow R_2\overset{\oplus}{C}{\equiv}N{-}R_1 \xrightarrow{H_2O} R_2C(\overset{\oplus}{O}H_2){=}N{-}R_1 \xrightarrow{-H^+} R_2C(OH){=}N{-}R_1 \longrightarrow R_2C(=O){-}NH{-}R_1$$

Beckmann 重排常用于确定酮肟的构型及合成酰胺，是有机化学的重要反应之一。

本实验是将二苯甲酮和羟胺作用，生成二苯甲酮肟。再将二苯甲酮肟在酸性条件下进行分子重排，制备苯甲酰苯胺。

$$C_6H_5{-}CO{-}C_6H_5 \xrightarrow{NH_2OH} C_6H_5{-}C(=N{-}OH){-}C_6H_5 \xrightarrow{H^+} C_6H_5{-}CO{-}NH{-}C_6H_5$$

3.23.3 实验仪器和药品

仪器:圆底烧瓶,冷凝管,抽滤装置,电热套。

药品:二苯甲酮,盐酸羟胺,无水乙醇,氢氧化钠,多聚磷酸(PPA)、10%硫酸,95%乙醇。

3.23.4 实验步骤

3.23.4.1 二苯甲酮肟的制备

在 100 mL 圆底烧瓶中,将 0.91 g(0.005 mol)二苯甲酮溶于 5 mL 无水乙醇中,依次加入 0.6 g(0.0086 mol)盐酸羟胺(溶于 1.5 mL 水)和 1 g 氢氧化钠(溶于 2 mL 水)的溶液,加热回流 10~15 min,稍冷,将反应物倒入装有 10 mL 水的烧杯中得透明溶液(pH 约为 13~14)。冷却至室温后,向烧瓶中加入 4 mL 10%的硫酸至不再有沉淀析出为止(pH 约为 1),抽滤,干燥,称重(产量约 0.9 g),得二苯甲酮肟的粗品。产物不需要精制,直接用于下步合成。

纯的二苯甲酮肟为无色针状晶体,熔点为 142~143℃。

3.23.4.2 苯甲酰苯胺的制备(二苯甲酮肟的重排)

在 50 mL 锥形瓶中加入 10 mL PPA 和上一步制备的二苯甲酮肟,搅拌下于电热套中用小火加热,慢慢升温至 100℃进行重排反应。保温 20 min 后,升温至 125~130℃;停止加热,于室温放置 10 min,搅拌下,将粘稠状液体倒入盛有 150 mL 冰水的烧杯中,这时有沉淀析出,必要时可用活性炭脱色,得苯甲酰苯胺粗品。粗产品用 95%乙醇重结晶,得白色针状晶体,抽滤,干燥,称重,测熔点。

纯的苯甲酰苯胺为白色针状晶体,熔点 163℃。

3.23.5 注意事项

由于重排反应是用浓硫酸催化的,所以制备的二苯甲酮肟不需要完全干燥,即可用于下步反应,并不影响产物的产量。

3.23.6 思考题

(1) Beckmann 重排反应除了用浓硫酸作催化剂,还可以用什么作催化剂?

(2) 请写出由环己酮制备己内酰胺的反应机理。

3.24 邻氨基苯甲酸的制备

3.24.1 实验目的

(1) 学习邻氨基苯甲酸的制备方法。

(2) 掌握霍夫曼(Hoffmann)重排反应的机理和实验操作。

(3) 熟悉液溴的使用及操作方法,巩固重结晶操作。

3.24.2　实验原理

脂肪族、芳香族及杂环族酰胺类化合物与氯或溴在碱溶液中经取代、消去、重排、水解等反应,生成减少一个碳原子的伯胺,称为 Hoffmann 重排或称为 Hoffmann 降解,是由酰胺制备少一个碳原子伯胺的重要方法。反应是通过活泼中间体——烯氮(Nitrene)进行的。

$$R-\overset{O}{\overset{\|}{C}}-NH_2 + Br-Br \xrightarrow[-HBr]{NaOH} R-\overset{O}{\overset{\|}{C}}-\underset{H}{\underset{|}{N}}-Br \xrightarrow{OH^-} \left[R-\overset{O}{\overset{\|}{C}}-\ddot{N}:\right] \xrightarrow{\text{重排}} R-N=C=O$$

$$\xrightarrow{H_2O} R\underset{H}{\underset{|}{N}}\overset{O}{\overset{\|}{C}}-OH \xrightarrow{-CO_2} R-NH_2$$

邻氨基苯甲酸的制备反应式如下:

$$\text{邻苯二甲酰亚胺} \xrightarrow{NaOH} o\text{-}C_6H_4(CONH_2)(COONa) \xrightarrow{Br_2 + 4NaOH} o\text{-}C_6H_4(NH_2)(COONa) \xrightarrow{H^+} o\text{-}C_6H_4(NH_2)(COOH)$$

3.24.3　实验仪器和药品

仪器:锥形瓶,烧杯,电热套,抽滤装置。

药品:6 g(0.04 mol)邻苯二甲酰亚胺,7.2 g(2.3 mL, 0.045 mol)溴,氢氧化钠(7.5+5.5)g,浓盐酸,冰醋酸,饱和亚硫酸氢钠,活性炭。

3.24.4　实验步骤

在 150 mL 锥形瓶中,溶解 7.5 g 氢氧化钠于 30 mL 水中,将锥形瓶置于冰盐浴中冷却至 0℃左右。一次加入 2.3 mL 溴,摇匀,使溴全部作用制成次溴酸钠溶液,置于冰盐浴中冷却备用。

在另一锥形瓶中将 5.5 g 氢氧化钠溶于 20 mL 水中,亦置于冰盐浴中冷却备用。在 0℃以下,向制备好的次溴酸钠溶液中慢慢加入 6 g 粉末状邻苯二甲酰亚胺,摇匀后迅速加入预先配制好并冷却至 0℃的氢氧化钠溶液。

将反应瓶从冰浴中取出后在室温下旋摇,反应液温度自动上升,在 15～20 min 内逐渐升温至 20～25℃(必要时加以冷却,尤其在 18℃左右往往有温度的突变,须加以注意。),在该温度下保持 10 min，再使其在 25～30℃反应 0.5 h，在整个反应过程中要不断摇荡，使反应物充分混合。此时反应物为淡黄色澄清溶液，然后在水浴上加热至 70℃，维持 2 min。加入 2 mL 饱和亚硫酸氢钠溶液，摇振后抽滤。将滤液转入烧杯，置于冰浴中冷却。在搅拌下慢慢加入浓盐酸使溶液恰好显中性（试纸检验，约需 15 mL），然后再慢慢加入 6～6.5 mL 冰醋酸，使邻氨基苯甲酸完全析出。抽滤，用少量冷水洗涤。粗产物用水重结晶，若需要可加入少量活性炭脱色，干燥后可得白色片状晶体约 3～3.5 g。

纯邻氨基苯甲酸熔点为 145℃。

3.24.5　注意事项

（1）溴最好在通风橱中用移液管准确量取。

（2）邻氨基苯甲酸既能溶于碱，也能溶于酸，故过量的盐酸会使产物溶解。若加入了过量的盐酸，则需要用氢氧化钠溶液中和至中性。

（3）邻氨基苯甲酸的等电点为 3～4，为使产物完全析出，需加入适量的醋酸。

3.24.6　思考题

（1）本实验中，溴和氢氧化钠的用量不足或有较大过量，会有什么后果？

（2）邻氨基苯甲酸的碱性溶液，加盐酸使之恰为中性后，为什么不再加盐酸而是加适量的醋酸使邻氨基苯甲酸完全析出？

（3）使用液溴时应注意哪些问题？

3.25　α-苯乙胺的制备及拆分

3.25.1　实验目的

（1）学习通过 Leuchart 反应合成外消旋 α-苯乙胺的方法及其原理。

（2）掌握外消旋体拆分的基本原理和方法。

3.25.2　实验原理

醛、酮和氨反应生成 α-氨基醇，α-氨基醇继而脱水生成亚胺，亚胺经还原转变成胺的反应，被称为鲁卡特反应（R. Leuchart Reaction）。

反应通常不需要溶剂，将反应物混合在一起加热（100～180℃）即能发生。与还原胺化反应不同，这里不是用催化氢化，而是用甲酸作为还原剂。它是由羰基化合物合成胺的一种重要方法。本实验是苯乙酮与甲酸铵作用得到外消旋体（±）-α-苯乙胺，反应过程如下：

$$HCOONH_4 \rightleftharpoons HCOOH + NH_3$$

$$\mathrm{Ph(H_3C)C{=}O + NH_3 \rightleftharpoons Ph(H_3C)C(OH)NH_2 \xrightleftharpoons{H_2O} Ph(H_3C)C{=}NH \xrightleftharpoons{NH_4^+} Ph(CH_3)C{=}\overset{+}{N}H_2}$$

$$\mathrm{{}^{-}O{-}\overset{O}{\overset{\|}{C}}{-}H + Ph(H_3C)C{=}\overset{+}{N}H_2 \longrightarrow H{-}C(CH_3)(Ph){-}NH_2 + CO_2}$$

反应式：

$$\mathrm{C_6H_5{-}\overset{O}{\overset{\|}{C}}{-}CH_3 + 2HCOONH_4 \longrightarrow C_6H_5{-}CH(CH_3){-}NHCHO + NH_3\uparrow + CO_2\uparrow + 2H_2O}$$

$$\mathrm{C_6H_5{-}CH(CH_3){-}NHCHO + HCl + H_2O \longrightarrow C_6H_5{-}CH(CH_3){-}\overset{+}{N}H_3Cl^- + HCOOH}$$

$$\mathrm{C_6H_5{-}CH(CH_3){-}\overset{+}{N}H_3Cl^- + NaOH \longrightarrow C_6H_5{-}CH(NH_2)CH_3 + NaCl + H_2O}$$

（±）-α-苯乙胺

在非手性条件下，由一般合成反应所得的手性化合物均为等量的对映体组成的外消旋体，故无旋光性。利用拆分的方法，把外消旋体的一对对映体分成纯净的左旋体和右旋体，即所谓的消旋体的拆分。

拆分外消旋体最常用的方法是利用化学反应把对映体变为非对映体。如果手性化合物分子中含有一个易于反应的极性基团，如羧基、氨基等，就可以使它与一个纯的旋光化合物（拆解剂）反应，从而把一对对映体变成两种非对映体。由于非对映体具有不同的物理性质，如溶解性、结晶性等，利用结晶等方法将它们分离，然后再去掉拆解剂，就可以得到纯的旋光化合物，从而达到拆分的目的。

常用的拆解剂有马钱子碱、奎宁和麻黄素等旋光纯的生物碱（拆分外消旋的有机酸）及酒石酸、樟脑磺酸等旋光纯的有机酸（拆分外消旋的有机碱）。

对映体的完全分离当然是最理想的，但是实际工作中很难做到这一点，常用光学纯度表示被拆分后对映体的纯净程度，它等于样品的比旋光除以纯对映体的比旋光。

本实验用（＋）-酒石酸为拆解剂，它与外消旋 α-苯乙胺形成非对映异构体的盐。

旋光纯的酒石酸在自然界颇为丰富，它是酿酒过程中的副产物。由于（－）-胺·（＋）-酸非对映体的盐比另一种非对映体的盐在甲醇中的溶解度小，故易从溶液中结晶析出，经稀碱处理，使（－）-α-苯乙胺游离出来。母液中含有（＋）-胺·（＋）-酸盐，原则上经提纯后可以得到另一个非对映体的盐，经稀碱处理后得到（＋）-胺。本实验只分离对映异构体之一，即左旋异构体。

本实验用（＋）-酒石酸为拆解剂，它与（±）-α-苯乙胺形成非对映异构体的盐。

(±)-α-苯乙胺 + (+)-酒石酸 → (+)-胺·(+)-酸盐；(−)-胺·(+)-酸盐 $\xrightarrow{50\%\ NaOH}$ (−)-α-苯乙胺

3.25.3 实验仪器和药品

仪器：圆底烧瓶，烧杯，量筒，球形冷凝管，直形冷凝管，蒸馏头，锥形瓶，分液漏斗，布氏漏斗，抽滤瓶，蒸发皿，玻璃小漏斗，温度计，减压蒸馏装置，电热套，旋光仪。

药品：6.3 g (0.041 mol)(+)-酒石酸，甲醇，乙醚，50%氢氧化钠溶液，11.8 mL(12 g，0.1 mol)苯乙酮，20 g(0.32 mol)甲酸铵，氯仿，浓盐酸，固体氢氧化钠，甲苯。

3.25.4 实验步骤

3.25.4.1 α-苯乙胺的制备

在 100 mL 圆底烧瓶中，加入 11.8 mL 苯乙酮、20 g 甲酸铵和几粒沸石，蒸馏头上口插入温度计，使温度计的水银球浸入液面以下，侧口连接冷凝管装配成简单的蒸馏装置。在电热套中用小火加热反应混合物至 150～155℃，甲酸铵开始熔化并分为两相，继续加热逐渐变为均相。反应物剧烈沸腾，并有水和苯乙酮蒸出，同时不断产生泡沫放出氨气。继续缓缓加热至温度达到 185℃，停止加热，通常约需要 1.5 h。反应过程中可能会在冷凝管上生成一些固体碳酸铵，需暂时关闭冷凝水使固体溶解，避免堵塞冷凝管。将馏出物转入分液漏斗，分出苯乙酮层，重新倒回反应瓶中，再继续加热 2 h，控制反应温度不超过 185℃。

将反应物冷却至室温，转入分液漏斗中，用 15 mL 水洗涤，以除去甲酸铵和甲酰胺，分出 *N*-甲酰-α-苯乙胺粗品，将其倒回原反应瓶中。水层用 2×10 mL 氯仿萃取两次，合并萃取液并倒回反应瓶中。向反应瓶中加入 12 mL 浓盐酸和几粒沸石，蒸出所有氯仿。将反应装置改为回流装置，再继续保持微沸回流 30～45 min，使 *N*-甲酰-α-苯乙胺水解。将反应物冷却至室温，如有结晶析出，加入最少量的水让其溶解。然后用 3×6 mL 氯仿萃取三次，萃取液倒入指定容器中回收，水层转入 100 mL 圆底烧瓶中。

将圆底烧瓶置于冰水浴中冷却，再慢慢加入 20 mL 50%的氢氧化钠溶液并摇匀，然后进行水蒸气蒸馏。用 pH 试纸检查馏出液，开始为碱性，至馏出液 pH=7 为止。约收集馏出液 65～80 mL。

将含有游离胺的馏出液用 3×10 mL 甲苯萃取三次，合并有机层，用粒状氢氧化钠干燥。

将干燥后的甲苯溶液加入蒸馏瓶中，先蒸去甲苯，然后改用空气冷凝管蒸馏，收集 180～190℃馏分，产量 5～6 g，保存好准备进行拆分实验。

纯(±)-α-苯乙胺为无色液体，沸点为 187.4℃，折光率 n_D^{20} 为 1.5238，α-苯乙胺的红外光谱和核磁共振氢谱分别如图 3-27 和图 3-28 所示。

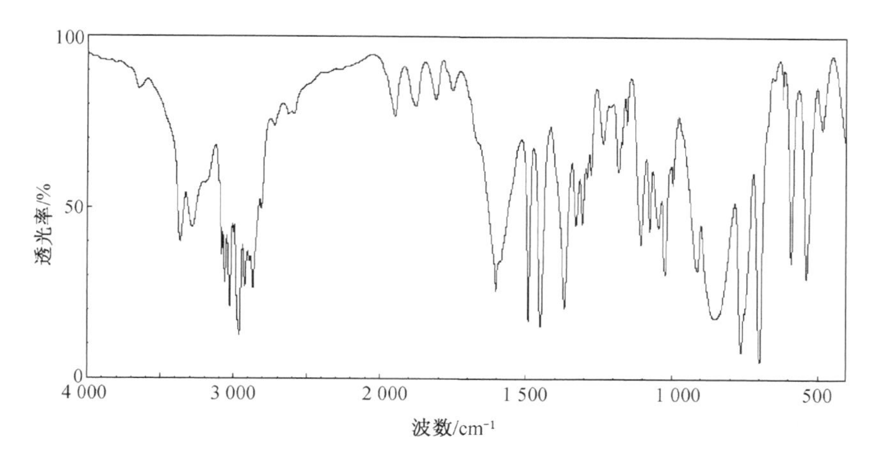

图 3-27 α-苯乙胺的 IR 谱图

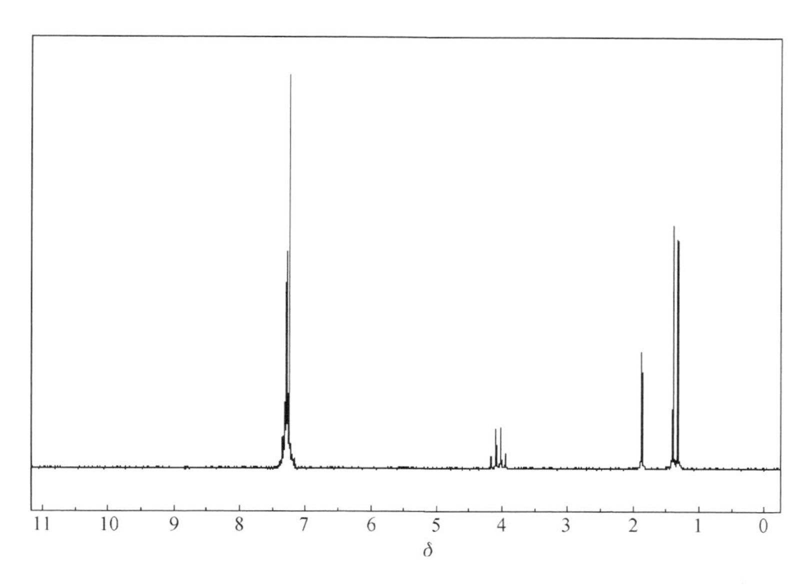

图 3-28 α-苯乙胺的 ^{1}H NMR 谱图

3.25.4.2 *S*-(−)-α-苯乙胺的分离

在 250 mL 锥形瓶中，加入 6.3 g(+)-酒石酸和 90 mL 甲醇，在水浴上加热溶解，然后在搅拌下慢慢加入 5 g(±)-α-苯乙胺，并使之溶解。需小心操作，以免混合物沸腾或起泡溢出。冷却至室温后，盖紧瓶塞，于室温放置 24 h 以上，即可析出白色棱柱状晶体。假如析出的是针状晶体，应重新加热溶解并冷却至完全析出棱状晶体。减压过滤，并用少许冷甲醇洗涤，干燥后得(−)-胺·(+)-酒石酸盐(约 4 g)。将 4 g(−)-胺·(+)-酒石酸盐置于 125 mL 锥形瓶中，加入 10 mL 水，搅拌使部分结晶溶解，再加入 3 mL 50%的氢氧化钠溶液，搅拌至固体完全溶解。将溶液转入分液漏斗中，用 2×10 mL 乙醚萃取两次。合并醚萃取液，用无水硫酸钠干燥。

将干燥后的乙醚溶液转入圆底烧瓶中，在水浴上蒸去乙醚，然后蒸馏收集 180～190℃ 馏分于一已称重的锥形瓶中。可参照相关文献方法测定比旋光度。

3.25.5 注意事项

(1) 必须得到棱柱状晶体，这是实验成功的关键。如溶液中析出的是针状晶体，可采取如下方法处理。

① 由于针状晶体易溶解，可加热反应混合物使针状晶体完全溶解，重新放置过夜。

② 分出少量棱柱状晶体后，加热反应混合物至其余晶体全部溶解，稍冷却后用取出的棱柱状晶体作晶种放置过夜。如析出的针状晶体较多时，此方法更为适宜。如有现成的棱柱状晶体，在放置过夜前接种更好。

(2) 蒸馏 α-苯乙胺时，容易起泡，可加入 1～2 滴消泡剂[如含聚二甲基硅烷 0.001%(质量分数)的己烷溶液]。

作为一种简化处理方法，可将干燥后的醚溶液直接过滤到一已事先称重的圆底烧瓶中，先在水浴上尽可能蒸去乙醚，再用水泵抽去残余的乙醚。称量烧瓶即可计算出(－)-α-苯乙胺的质量，省去了进一步的蒸馏操作。

(3) 如在冷却过程中有晶体析出，可用最少量的水溶解。

(4) 水蒸气蒸馏时，玻璃磨口接头应涂上凡士林，以防止接口因受碱液作用而被黏住。

(5) 游离胺易吸收空气中的二氧化碳形成碳酸盐，故在干燥时应塞紧瓶口隔绝空气。

3.25.6 思考题

(1) 你认为本实验中的关键步骤是什么？如何控制反应条件才能分离出纯的旋光异构体？

(2) 合成时为什么要比较严格地控制反应温度？

(3) 苯乙酮与甲酸铵反应后，用水洗涤的目的是什么？

(4) 采用鲁卡特反应合成(±)-α-苯乙胺为什么只能获得外消旋体？

3.26 超声法制备苯甲酸

3.26.1 实验目的

(1) 掌握苯甲酸的制备原理及方法。

(2) 了解超声辐射的特点及应用。

3.26.2　实验原理

近年来，超声波技术在有机合成中受到了广泛的关注，因为超声波对许多反应具有明显的促进作用，有些反应在一般条件下很难发生或需要催化剂存在方可进行，而在超声波辐射下可在较温和的条件下进行，因此，超声波辐射在有机合成中已得到广泛的应用，并逐渐形成了一门新兴分支学科——声化学，它的应用范围涉及各种化学反应，如取代、加成、氧化、还原、成环、开环、聚合、缩合及酰基化和金属有机反应等。超声波促进化学反应的机理还不十分清楚，但一般认为并非是声场与反应物在分子水平上直接作用的简单结果。用于声化学反应的超声波一般能量较低，甚至不足以激发分子的转动，故并不能将化学键断裂而引起化学反应。在声化学反应中起关键作用的是"空穴效应"。超声波是机械波，作用于液体内部会形成用肉眼难以观察到的微小气泡和空穴，使液体中出现一些微区，在极短时间里它能形成高温高压的高能环境，引起分子热离解、离子化及产生自由基等，从而导致化学反应的发生。

苯甲酸是一种重要的精细化工产品，广泛应用于医药、食品、染料、香料等行业，尤其在饮料行业中的应用更为普遍。此外，还可用作汽车防冻液的缓冲剂、印染工业中的媒染剂、蚊香、中草药的防腐防霉剂。

苯甲酸可以通过苯甲醇的氧化来制备。但常规的方法需要加热到较高温度，反应时间也较长，能耗大，转化率也不高。超声波作为一种新的能量形式用于有机化学反应，不仅使很多以往不能进行的反应得以顺利进行，而且它作为一种方便、迅速、有效、安全的合成技术远远优于传统的搅拌、外加热方法。本实验采用超声辐射促进苯甲醇氧化来制备苯甲酸，大大缩短了反应时间，提高了反应效率。

$$C_6H_5CH_2OH + KMnO_4 \xrightarrow{\text{超声}} C_6H_5COOK + KOH + MnO_2 + H_2O$$

$$C_6H_5COOK + HCl \longrightarrow C_6H_5COOH + KCl$$

3.26.3　实验仪器和药品

仪器：250 mL圆底烧瓶，回流冷凝管，抽滤装置，超声波清洗仪。

药品：苯甲醇，水，高锰酸钾，浓盐酸。

3.26.4　实验步骤

在250 mL圆底烧瓶中加入2 mL(2.08 g，0.019 mol)苯甲醇、100 mL水及6 g高锰酸钾，装上球形冷凝管，将反应器置于超声波清洗仪中央距离清洗槽底部2～3cm处，控制清洗槽中水温为60℃，启动超声声源进行辐射反应。反应体系中油状物全部消失后(约需3 min)关闭超声声源。向反应瓶中加入10%的氢氧化钠溶液13 mL，使生成的苯甲酸完全溶解，过滤，固体再用 5 mL 10%的氢氧化钠溶液洗涤一次，合并滤液，如果有颜色，加入少量亚硫酸钠溶液使其褪色。搅拌下向滤液中加入 20 mL 浓盐酸，使溶液显酸性，此时有大量白色固体析出，过滤、干燥、称重，产量约为 2～2.3 g。

粗产物可用水进行重结晶。纯的苯甲酸产物为白色晶体，熔点为 122～123℃。

3.26.5 注意事项

(1) 在 100℃下反应，苯甲酸的升华现象较严重，因此，为了减少苯甲酸的升华，冷凝管中冷凝水的流速要稍快些。

(2) 在无超声波时，室温条件下高锰酸钾很难将苯甲醇氧化成苯甲酸，只有加热到较高温度(103℃左右)才能反应，反应时间较长(约 6～8 h)，否则产率很低。

(3) 反应体系中的油状物为苯甲醇。

3.26.6 思考题

(1) 反应体系中的油状物是什么？该实验方法中苯甲酸是如何提纯的？

(2) 超声波辐射适用于哪些反应？

3.27 1-丁基-3-甲基咪唑六氟磷酸盐的制备

3.27.1 实验目的

(1) 学习实验室制备室温离子液体的方法及原理。

(2) 巩固回流、重结晶、旋转蒸发、真空抽滤等基本操作。

3.27.2 实验原理

离子液体(Ionic Liquids)是由有机阳离子与无机或有机阴离子构成的、在室温或者接近室温条件下呈液体状态的熔融盐，为离子型有机化合物。

离子液体作为一种新型的有机溶剂，具有蒸气压低，热稳定性好，液态范围广，导热、导电性能强，可设计等优点，已广泛应用于多种类型的有机反应中。1-丁基-3-甲基咪唑六氟磷酸盐的合成路线如下所示。

N-甲基咪唑 + 正丁基溴 (Br) → $[Bmim]^+Br^-$ $\xrightarrow[H_2O]{KPF_6}$ $[Bmim]^+[PF_6]^-$

3.27.3 实验仪器和药品

仪器：三颈圆底烧瓶，滴液漏斗，直形冷凝管，旋转蒸发仪，循环水真空泵，真空干燥箱，恒温磁力搅拌电热套。

药品：N-甲基咪唑(99%)，六氟磷酸钾，溴代正丁烷，乙腈，四氢呋喃，乙醚。

3.27.4 实验步骤

3.27.4.1 中间体的合成

在250 mL三颈圆底烧瓶中加入8.2 g(0.1 mol)*N*-甲基咪唑，装上冷凝管和滴液漏斗，在磁力搅拌电热套上加热至70℃，再边加热边用滴液漏斗向圆底烧瓶中加入16.44 g(0.12 mol)溴代正丁烷，直到140℃加完，回流反应10 min，生成淡黄色油状液体，即溴化1-丁基-3-甲基咪唑，$[Bmim]^+Br^-$。反应结束后停止加热，冷却，真空抽去过量的溴代正丁烷，将$[Bmim]^+Br^-$粗产物用四氢呋喃和乙腈重结晶，在70℃真空干燥至恒重，称重，并计算产率。

3.27.4.2 1-丁基-3-甲基咪唑六氟磷酸盐的合成

称取18.4 g(0.1 mol)KPF_6于烧杯中，用50 mL蒸馏水溶解；用恒压滴液漏斗将KPF_6溶液慢慢滴加到装有$[Bmim]^+Br^-$的单口烧瓶内，室温下电磁搅拌2 h，静置分层，将上相水层倾出，下相浅黄色透明黏稠状液体用3×10 mL蒸馏水洗涤三次，再用10 mL乙醚洗涤一次，在80℃真空干燥至恒重，得无色或淡黄色油状液体，1-丁基-3-甲基咪唑六氟磷酸盐，即$[Bmim]^+[PF_6]^-$。称重，并计算产率。

3.27.5 注意事项

(1) 离子液体是黏稠状物质，所以反应的时候应不断搅拌使其反应完全。

(2) 第一步反应完毕应用循环水真空泵抽去过量的溴丁烷。

3.27.6 思考题

(1) 什么是离子液体？它相对于其他溶剂有什么优点？

(2) 离子液体制备时应注意哪些事项？

3.28 脲醛树脂的合成

3.28.1 实验目的

(1) 掌握脲醛树脂合成的原理及方法，加深对缩聚反应的理解。

(2) 掌握回流及减压蒸馏等基本操作。

3.28.2 实验原理

脲醛树脂是由尿素与甲醛缩聚而成的合成树脂，是当前应用最广泛的胶黏剂之一，脲醛树脂可以作为木材胶黏剂，还可以用作纺织品、纸张、乐器等的处理剂，涂料，复合涂料等。

脲醛树脂首先由尿素与甲醛缩合生成多种羟甲基脲，然后羟甲基脲分子之间脱水而成脲醛树脂。产物的结构比较复杂，直接受尿素与甲醛的物质的量之比、反应体系的 pH 值、反应温度、时间等条件的影响。例如：在酸性条件下反应时，产物是不溶于水和有机溶剂的聚次甲基脲；在碱性条件下发生反应，则生成水溶性的一羟甲基脲或二羟甲基脲等，羟甲基的数目由尿素与甲醛的物质的量之比所决定，然后在羟甲基脲分子之间脱水而成脲醛树脂。

$$NH_2-\overset{\overset{O}{\|}}{C}-NH_2 + H-\overset{\overset{O}{\|}}{C}-H \longrightarrow \underset{\text{一羟甲基脲}}{HOCH_2-NH-\overset{\overset{O}{\|}}{C}-NH_2} \text{ 或 } \underset{\text{二羟甲基脲}}{HOCH_2NH-\overset{\overset{O}{\|}}{C}-NHCH_2OH}$$

之后在亚氨基和羟甲基之间发生脱水缩合反应：

$$\begin{array}{c} HOCH_2NH \\ | \\ C{=}O \\ | \\ NH_2 \end{array} + \begin{array}{c} HOCH_2NH \\ | \\ C{=}O \\ | \\ NHCH_2OH \end{array} \xrightarrow{-H_2O} \begin{array}{cc} \multicolumn{2}{c}{HOCH_2N-CH_2NH} \\ | & | \\ C{=}O & C{=}O \\ | & | \\ NH_2 & NHCH_2OH \end{array}$$

脱水缩合反应也可发生在羟甲基和羟甲基之间：

$$\begin{array}{c} HOCH_2NH \\ | \\ C{=}O \\ | \\ NH_2 \end{array} + \begin{array}{c} HOCH_2NH \\ | \\ C{=}O \\ | \\ NHCH_2OH \end{array} \xrightarrow{-H_2O} \begin{array}{cc} \multicolumn{2}{c}{NHCH_2OCH_2NH} \\ | & | \\ C{=}O & C{=}O \\ | & | \\ NH_2 & NHCH_2OH \end{array}$$

$$\xrightarrow{-CH_2O} \begin{array}{cc} \multicolumn{2}{c}{NHCH_2NH} \\ | & | \\ C{=}O & C{=}O \\ | & | \\ NH_2 & NHCH_2OH \end{array}$$

另外，甲醛和亚氨基之间也可发生缩合反应，生成低相对分子质量的线型和低交联度的脲醛树脂：

$$\begin{array}{c} \sim\sim\sim NHCH_2 \sim\sim\sim \\ \\ \sim\sim\sim NHCH_2 \sim\sim\sim \end{array} + HCHO \xrightarrow{-H_2O} \begin{array}{c} \sim\sim\sim NCH_2 \sim\sim\sim \\ | \\ CH_2 \\ | \\ \sim\sim\sim NCH_2 \sim\sim\sim \end{array}$$

重复进行下去，即可得到线型缩聚物。脲醛树脂的确切结构还不是非常清楚，但可认为其分子主链有如下结构：

```
NH—CH2—NH—CH2—NH—CH2—NH
|      |       |       |
C=O    C=O     C=O     C=O
|      |       |       |
NH     NH2     NH2     NH
|                      |
CH2OH                  CH2OH
```

由于上述中间产物中含有较多的易溶于水的羟甲基，故可作为胶黏剂使用。

3.28.3　实验仪器和药品

仪器：三颈烧瓶，回流冷凝管，电动机械搅拌器，温度计，水浴锅。

药品：12 g(0.2 mol)尿素，35 mL 37%甲醛溶液，10% 氢氧化钠溶液。

3.28.4　实验步骤

在250 mL三颈烧瓶的三个口分别装上电动搅拌器、回流冷凝管和温度计，并把三颈烧瓶置于水浴中。检查装置后，向三颈烧瓶内加入35 mL 37%的甲醛溶液，开启搅拌器，用10% NaOH溶液调节pH值为7.2～7.5(精密pH试纸测定)，慢慢加入全部尿素的95%(约11.4 g)。待全部尿素溶解后(可微热至20～25℃)，缓缓升温至60℃，保温15 min，然后升温至97～98℃，加入余下的尿素(约0.6 g)，保温反应50 min，在此期间，pH为5.5～6.0。在保温40 min时开始检查反应是否达到终点，到终点后，停止加热。在水浴中加入适量冷水，降温至50℃以下，用10%氢氧化钠溶液调pH为7～8，出料密封于玻璃瓶中备用。

3.28.5　注意事项

(1) 反应混合物的pH值不能超过8～9，防止甲醛发生Cannizzaro反应。

(2) 制备脲醛树脂时，尿素与甲醛的物质的量之比以1∶(1.6～2)为宜，可一次加入，但以两次加入为好，可以使甲醛有充分的机会与尿素反应，大大减少树脂中的游离甲醛。

(3) 为了保持一定的温度应慢慢加入尿素，因溶解吸热可使温度降低。

(4) 在两次保温期间，如发现黏度骤增、出现冻胶应立即采用补救措施，出现这种现象的原因有可能是：①酸性太强，pH低至4以下；②升温太快或温度超过100℃。

补救办法有：①使反应降温；②加入适量的甲醛水溶液，稀释树脂，从内部降温；③用NaOH溶液把pH调到7，酌情确定出料或继续加热反应。

(5) 反应是否达到终点，可用如下方法检验。

① 用玻璃棒蘸点树脂，最后两滴迟迟不落，末尾略带丝状，并缩回棒上，则表示已经成胶；

② 取1份样品加2份水，出现混浊；

③ 取少量树脂放在两相邻手指间不断相挨相离，在室温时，约1 min内觉得有一定黏度，则表示已经形成胶体。

3.28.6 思考题

(1) 在合成树脂的原料中哪种对 pH 值影响较大？为什么？

(2) 实验中为什么要多次调节 pH 值？各阶段的产物分别是什么？

3.29 从茶叶中提取咖啡因

3.29.1 实验目的

(1) 学习从茶叶中提取咖啡因的基本原理和方法，了解咖啡因的一般性质。

(2) 掌握用索氏提取器提取有机物的原理和方法。

(3) 熟悉萃取、蒸馏、升华等的基本操作。

3.29.2 实验原理

茶叶中含有多种生物碱，其主要成分是含量约占 1%～5%的咖啡因及含量较少的茶碱和可可豆碱。此外，茶叶中还含有 11%～12%的丹宁酸及叶绿素、纤维素、蛋白质等物质。

咖啡因是杂环化合物嘌呤的衍生物，化学名称为 1,3,7-三甲基-2,6-二氧嘌呤，其结构式如下：

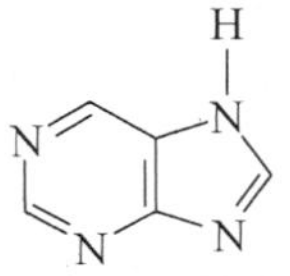

H N N N N

H_3C—N O O N CH_3 N N CH_3

嘌呤 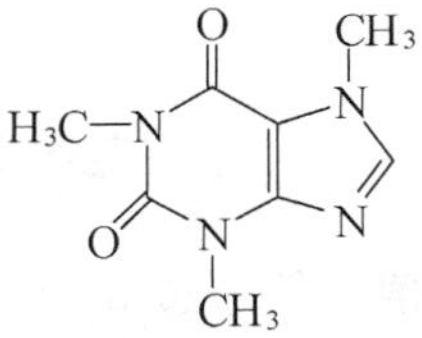　　　　咖啡因

含结晶水的咖啡因系无色针状结晶，味苦，易溶于水、丙酮、乙醇、氯仿等，微溶于石油醚，难溶于苯和乙醚；在 100℃时即失去结晶水，并开始升华，120℃时升华相当显著，至 178℃时升华很快。无水咖啡因的熔点为 234.5℃。

咖啡因具有刺激心脏、兴奋大脑神经和利尿等作用，因此可作为中枢神经兴奋剂，它也是复方阿司匹林(APC)等药物的组分之一，在医学上有重要的用途。工业上咖啡因主要通过人工合成制得。

为了提取茶叶中的咖啡因，往往利用适当的溶剂(如氯仿、乙醇、苯等)在索氏提取器中连续萃取，然后蒸出溶剂，即得粗咖啡因。粗咖啡因中还含有一些生物碱和其他杂质，利用升华法可进一步纯化。

咖啡因可以通过测定熔点及光谱法加以鉴别；此外，还可以通过制备咖啡因水杨酸盐衍生物进一步确证。作为碱，咖啡因可与水杨酸作用生成水杨酸盐，此盐的熔点为 137℃。

咖啡因 + 水杨酸 ⟶ 咖啡因水杨酸盐

3.29.3　实验仪器和药品

仪器:索氏提取器,冷凝器,圆底烧瓶,蒸发皿,玻璃漏斗。

药品:120 mL 95%乙醇,3～4 g生石灰,10 g茶叶。

3.29.4　实验步骤

3.29.4.1　萃取

先将滤纸做成与提取器大小相适应的套袋。称取10 g茶叶,略加粉碎,装入纸袋中,上下端封好,装入索氏提取器中(如图3-29所示),烧瓶中加入100 mL 95%的乙醇和几粒沸石,用水浴加热回流提取,连续提取2～3次(提取时,溶剂蒸气从导气管上升到冷凝管中,被冷凝成液体后,滴入提取器中,萃取出茶叶中的可溶物,此时溶液呈深草青色,当液面上升到与虹吸管一样高时,提取液就从虹吸管流入烧瓶中,这为一次提取)。茶叶每次都能被纯溶剂所萃取,使茶叶中的可溶性物质富集于烧瓶中。连续抽提大约2.5～3 h,待提取器中的溶剂基本上无色或略微呈青绿色时,等冷凝液恰好虹吸下去后,即可停止加热。

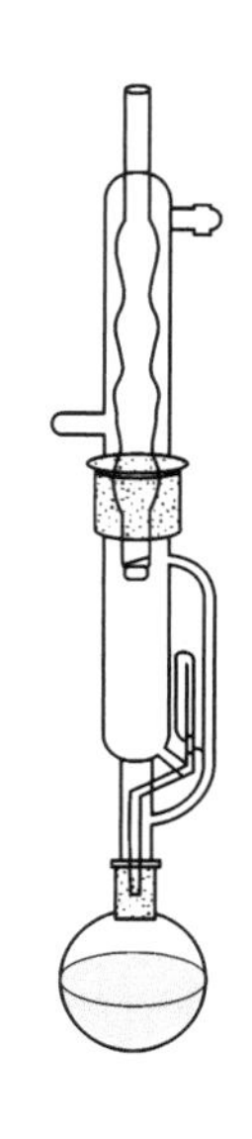

图3-29　索氏提取器

3.29.4.2　浓缩

稍冷后,改成蒸馏装置,水浴加热,回收大部分溶剂,待剩下3～5 mL时,停止蒸馏,趁热将残留液及沸石转入蒸发皿中。

3.29.4.3　焙炒

向蒸发皿中加入3～4 g研磨成粉末的生石灰,使之成糊状。蒸气浴加热,不断搅拌下蒸干。

3.29.4.4　升华

安装升华装置(如图3-30所示)。用滤纸罩在蒸发皿上,并在滤纸上扎一些小孔,再罩上口径合适的玻璃漏斗(滤纸的直径稍大于漏斗的直径)。漏斗颈部塞一小团疏松的棉花,小火加热,适当控温,当发现有棕色烟雾时,即升华完毕(通常需要10～15 min),停止加热,让其自然冷却至不太烫手时,揭开滤纸,用刮刀将纸上和器皿周围的咖啡因刮下。称重并测定熔点(产量约0.1 g)。

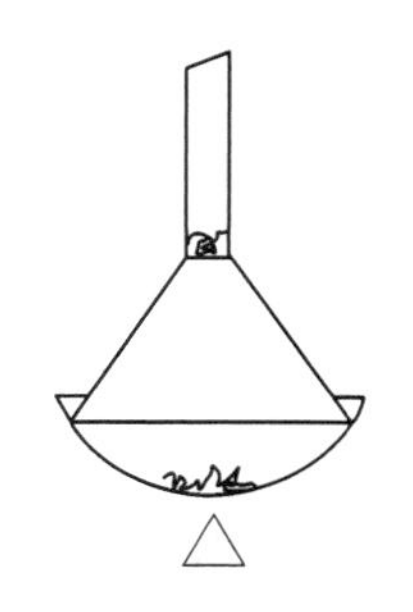

图3-30　升华装置

纯的咖啡因为无色针状晶体,熔点为234.5℃。

3.29.5 注意事项

(1) 实验中用滤纸制作滤纸套筒也很讲究。其高度不要超过虹吸管，否则提取时，高出虹吸管的那部分就不能浸在溶剂中，提取效果就不好。纸袋的粗细应和提取器内筒大小相吻合，太细，在提取时会漂起来；太粗，会装不进去，即使强行装进去，由于装得太紧，溶剂不易渗透，提取效果不好，甚至不能虹吸。

另外，茶叶袋的上下端要封严，防止茶叶漏出，堵塞虹吸管。

(2) 本实验的关键是升华这一步，一定要小火加热，慢慢升温，徐徐加热 10～15 min。如果温度太高，加热太快，滤纸和咖啡因都会炭化变黑；如果温度太低，升温太慢，会浪费时间，咖啡因不能完全升华，影响收率。

(3) 蒸馏时不能蒸干，否则因残留液很黏而难以转移，造成损失。

(4) 生石灰应研细，充分吸水。拌入生石灰时要混匀，生石灰的作用除吸水外，还可中和除去部分酸性杂质(如鞣酸)。

(5) 滤纸上的小孔大小应合适，且应使大孔一面向下，控制好温度，让咖啡因充分升华。

(6) 刮下咖啡因时要小心操作，防止混入杂质。

3.29.6 思考题

(1) 本实验中生石灰的作用有哪些？

(2) 除可用乙醇萃取咖啡因外，还可采用哪些溶剂萃取？

(3) 索氏提取器提取有什么优点？如何提高萃取的效率？

(4) 升华适应于哪些物质的纯化？

3.30 从槐花米中提取芦丁

3.30.1 实验目的

(1) 学习黄酮类化合物的提取分离方法。

(2) 掌握热过滤及重结晶等基本操作。

(3) 掌握纸色谱的基本原理及黄酮苷纸色谱分析的具体操作。

3.30.2 实验原理

槐花米又名槐米，为豆科槐属植物的花蕾。具有清热、凉血、止血的功效，可用于治疗肠风便血、痔血、尿血、血淋、崩漏、赤白痢下、风热目赤、痛疽疮毒，也用于预防卒中。近年来又被用作治疗高血压的辅助药物。药理实验证明，槐花米具有调节毛细血管渗透性的作用，以及抗炎、解痉、抗溃疡、抗菌等作用。槐花米中主要含有黄酮苷、皂苷、甾醇和鞣质等成分，其中芦丁(Rutin)的含量最高，达12%～16%。

芦丁(Rutin)又称芸香苷(Rutinoside)，即槲皮素-3-*O*-芸香糖苷，是黄酮类化合物槲皮素的糖苷。黄酮类化合物泛指两个具有酚羟基的苯环通过中央三碳原子相互连接而成的一系列化合物，其基本母核为2-苯基色原酮，其有酮式羰基又显黄色，故称为黄酮。芦丁及其苷元槲皮素结构如下：

黄酮骨架

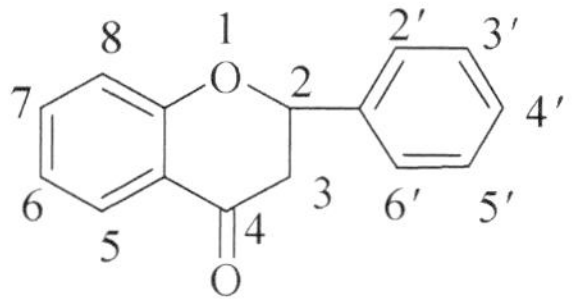

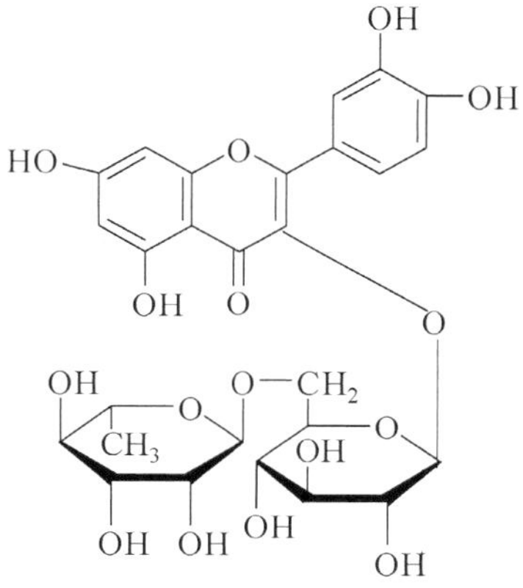

芦丁 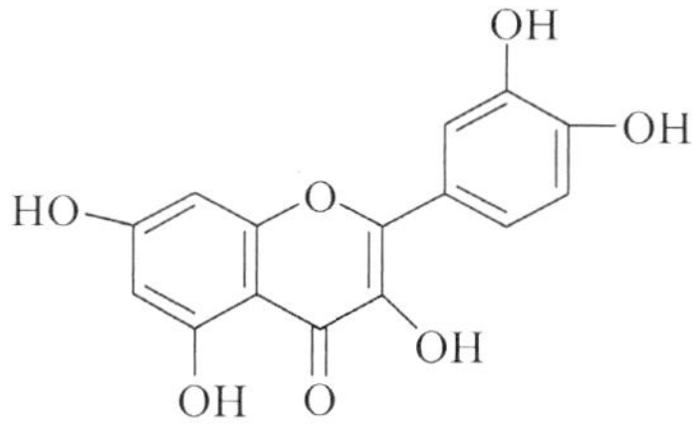　　　　槲皮素

芦丁(槲皮素-3-*O*-葡萄糖-*O*-鼠李糖)为淡黄色针状结晶，不溶于乙醇、氯仿、石油醚、乙酸乙酯、丙酮等溶剂，易溶于碱液中呈黄色，酸化后复析出。可溶于浓硫酸和浓盐酸，呈棕黄色，加水稀释复析出。

本实验利用芦丁可溶于碱性水溶液，酸化后又析出的性质进行提取；利用它溶解于热水而不溶于冷水的性质进行重结晶纯化；芦丁的分离鉴定可通过纸色谱进行。

3.30.3 实验仪器和药品

仪器：烧杯，三角瓶，抽滤装置，层析缸。

药品：3 g槐花米，饱和生石灰水溶液，饱和$Ba(OH)_2$水溶液，15%盐酸，2%硫酸，芦丁标准品，槲皮素标准品，展开剂，显色剂。

3.30.4 实验步骤

3.30.4.1 总黄酮的提取

称取3 g槐花米于研钵中研成粉状，置于50 mL烧杯中，加入30 mL饱和石灰水，加热至沸腾，并不断搅拌，煮沸 15 min 后，抽滤，滤渣再用 20 mL 饱和石灰水煮沸10 min，合并滤液，用 15%盐酸中和，调节 pH＝3～4，放置 1～2 h，使之沉淀，然后抽滤，水洗，得芦丁粗产物。

3.30.4.2 重结晶提纯

将制得的芦丁粗品置于 50 mL 烧杯中，加入 30 mL 水，不断搅拌下加热至沸腾，慢慢加入 10 mL 饱和石灰水，调节 pH＝8～9，等沉淀溶解后，趁热过滤，滤液置于 50 mL 烧杯中，用 15%盐酸调节 pH＝4～5，静置 30 min，芦丁以浅黄色结晶析出，抽滤，水洗，70～80℃烘干得芦丁纯品，称重。

3.30.4.3 芦丁的水解

称取 150 mg 芦丁置于 50 mL 磨口三角瓶中，加 2% H_2SO_4 10 mL，小火加热微沸回流 30 min至 1 h。开始加热 10 min 时为澄清溶液，之后逐渐析出黄色针状结晶，冷却后抽滤，即得槲皮素，用水洗至中性。滤液待处理后做糖鉴定。

3.30.4.4 纸色谱检验

(1) 芦丁、槲皮素的纸色谱检验

① 支持剂：层析滤纸(中速，20 cm×7 cm)。

② 样品：自制的质量分数为 1%的芦丁乙醇溶液和 1%槲皮素乙醇溶液。

③ 对照品：质量分数为 1%的槲皮素标准品和 1%芦丁标准品的乙醇溶液。

④ 展开剂：a. 正丁醇-冰醋酸-水(体积比为 4∶1∶1)；b. 质量分数为 15%的醋酸水溶液。

⑤ 显色方法：可见光下观察颜色；紫外灯下观察荧光；用 1%氯化铝-乙醇溶液喷雾，呈黄色斑点。

(2) 糖苷水解后糖的纸色谱分析

糖供试液的制备：取上述除去槲皮素后的滤液 10 mL，用饱和 $Ba(OH)_2$ 水溶液中和至 pH 为 6～7(可在水浴上加热搅拌进行)，放置使 $BaSO_4$ 沉淀，抽滤，吸取上层清液浓缩至约 2～3 mL，即得糖供试液，进行纸色谱鉴定。

① 层析滤纸(中速，20 cm×7 cm)。

② 样品：糖供试液。

③ 对照品：1%葡萄糖标准品水溶液、1%鼠李糖标准品水溶液。

④ 展开剂：正丁醇-冰醋酸-水(4∶1∶5 上层，8 mL)。

⑤ 显色：喷苯胺-邻苯二甲酸试剂，于 105℃下加热 10 min，显棕色或棕红色斑点；喷氨性硝酸银试剂，于 100℃左右加热，呈棕褐斑点。

3.30.5 注意事项

(1) 在提取前应将槐花米粉碎，使芦丁易于被热水溶出。粉碎不可过细，以免过滤时速度太慢。

(2) 本实验用碱溶酸沉法提取，加入饱和石灰水可以达到碱溶解提取芦丁的目的，又可除去槐花米中所含的大量黏液质；但应严格控制 pH 为 8～9，不可超过 10。如 pH 值过高，加热提取过程中芦丁可被水解破坏，降低收率。加酸沉淀时，控制 pH 为 3～4，不宜过低，否则芦丁可生成锌盐而溶于水，降低收率。

3.30.6 思考题

(1) 加饱和石灰水的目的是什么?
(2) 用盐酸调节 pH 为何控制 pH 为 4～5?
(3) 纸色谱的原理是什么?

3.31 从红辣椒中分离红色素

3.31.1 实验目的

(1) 了解红辣椒所含色素的性质。
(2) 掌握薄层色谱板、色谱柱的制作方法。
(3) 掌握薄层色谱及柱色谱的应用操作。

3.31.2 实验原理

辣椒红色素是一种存在于成熟红辣椒果实中的四萜类橙红色色素,属于类胡萝卜素类色素。其中极性较大的红色组分主要是辣椒红素和辣椒玉红素,占总量的 50%～60%;另一类是极性较小的黄色组分,主要成分是β-胡萝卜素和玉米黄质。辣椒红色素不仅色泽鲜艳,热稳定性好,而且耐光、耐热、耐酸碱、耐氧化,无毒副作用,是高品质的天然色素,被广泛用于食品、化妆品、保健药品等行业。

辣椒红

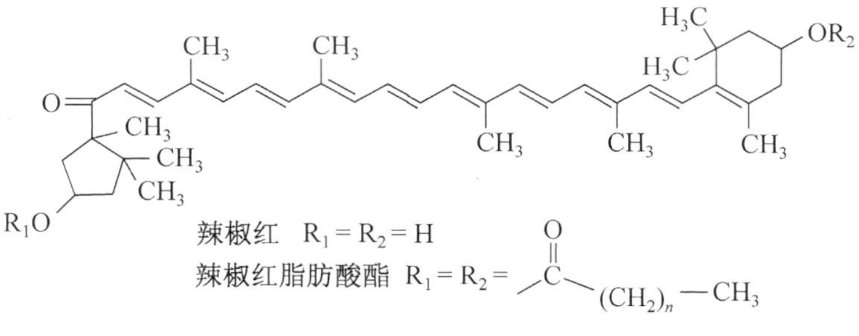

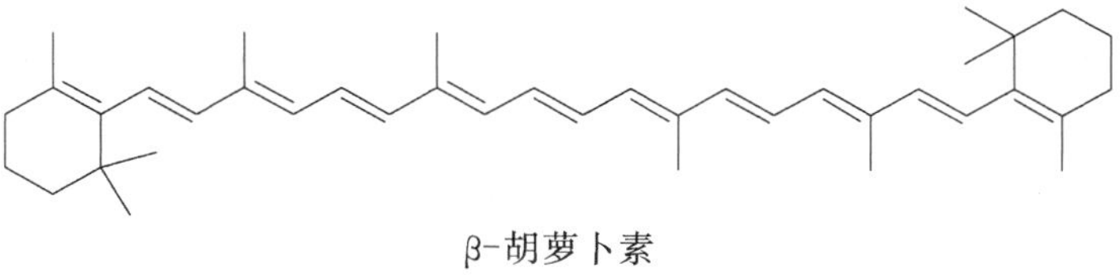

辣椒红 $R_1=R_2=H$

辣椒红脂肪酸酯 $R_1=R_2=-C(=O)-(CH_2)_n-CH_3$

β-胡萝卜素

这些色素可以通过层析法加以分离。

本实验以二氯甲烷作萃取剂,从红辣椒中提取辣椒红色素,然后用薄层层析分析,确定

各组分的 R_f 值，再经柱层析分离，分段收集并蒸除溶剂，即可获得各个单组分。

3.31.3 实验仪器和药品

仪器：电热套，旋转蒸发仪，水浴锅，圆底烧瓶，载玻片，层析缸，层析柱，滴管，棉花。

药品：红辣椒，二氯甲烷，丙酮，石油醚，硅胶 G，硅胶 GF_{254}。

3.31.4 实验步骤

3.31.4.1 提取和浓缩

将干的红辣椒剪碎研细，称取 0.5 g 放入 50 mL 圆底烧瓶中，加两粒沸石，加 10 mL CH_2Cl_2，装上回流冷凝管，70～80℃水浴加热回流提取 30 min，冷却至室温后抽滤。将所得滤液用旋转蒸发仪回收二氯甲烷，蒸馏浓缩至干即为混合色素的粗品，称重，计算收率。

3.31.4.2 柱层析分离

(1) 装柱：选取内径 1.5 cm，长为 30 cm 的层析柱，洗净，干燥，放一小块脱脂棉在其底部，然后慢慢加入层析硅胶 10 g，同时用一段木条轻轻敲柱，以利于硅胶均匀沉降，至硅胶顶面不再下降为止，装柱完毕。

(2) 拌样：取一洁净、干燥的蒸发皿称重，然后在蒸发皿中放入 0.2 g 层析硅胶，将此装有硅胶的蒸发皿置于水浴上，滴入辣椒色素提取液并拌匀，挥发干溶剂至蒸发皿恒重。

(3) 上样：将样品轻轻倒入柱顶部(注意不能破坏柱顶面)，敲打色谱柱至样品带厚薄均匀，表面平滑，然后再在样品带上轻轻铺一层石英砂及一块脱脂棉，以保护样品带。

(4) 色谱分离：缓缓倒入 CH_2Cl_2(或氯仿)进行洗脱，在层析柱下端用试管分段接收洗脱液，每段收集 2 mL。用薄层层析法检验各段洗脱液，将相同组分的接收液合并，用旋转蒸发仪蒸发浓缩，收集红色素。

3.31.4.3 辣椒红色素的鉴定

(1) 薄层色谱的制备：取 6 块载玻片洗净，干燥，平铺于台面，称薄层用硅胶 GF_{254} 2 g 于小烧杯内，按 1 g 硅胶和 3 mL 蒸馏水的比例加水，用玻璃棒将硅胶与水充分混匀，均匀地倒在备好的载玻片上，再轻轻抖动载玻片，使硅胶铺平，晾干后于 105℃活化 30 min，或 80℃烘 2 h，冷却后放入干燥器备用，制备时也可加入约 1%的羧甲基纤维素钠。

(2) 取三块硅胶薄层板，画好起始线，用平口毛细管点样。每块板上点两个样，其中一个是混合色素浓缩液，另一个分别是第一、第二、第三色带。用体积比为 1∶3 的石油醚-二氯甲烷混合液或石油醚-丙酮混合液作展开剂展开。展开后记录各斑点的大小、颜色并计算其 R_f 值，比较各色带的 R_f 值，如有标准品辣椒红的脂肪酸酯、辣椒玉红素和 β-胡萝卜素对照，指出各色带是何化合物。观察各色带点样展开后是否有新的斑点产生，即可知道柱层析分离是否达到了预期效果。

3.31.5 注意事项

(1) 装柱过程不能间断，装好的色谱柱不应有气泡、裂痕。

(2) 吸附剂的量一般不超过色谱柱长度的3/4。

(3) 装好的柱子其吸附剂的顶面一定要平。

(4) 上样时,样品厚度要一致,表面平整。

(5) 本实验也可以用湿法装柱:在层析柱的底部垫一层玻璃棉(或脱脂棉),用以衬托固定相。用一根玻璃棒压实玻璃棉,加入洗脱剂二氯甲烷至层析柱的3/4高度。打开活塞,放出少许溶剂,用玻璃棒压除玻璃棉中的气泡,再用10 mL二氯甲烷将10 g硅胶G调成糊状,通过大口径固体漏斗加入柱中,边加边轻轻敲击层析柱,使吸附剂装填致密,然后在吸附剂上层覆盖一层石英砂。

打开活塞,放出洗脱剂直到其液面降至硅胶G上层的沙层表面,关闭活塞。将色素混合物溶解在约1 mL二氯甲烷中,然后用一根较长的滴管,将色素的二氯甲烷溶液移入柱中,轻轻注在沙层上,再打开活塞,待色素溶液液面与硅胶G上层平齐时,缓缓注入少量洗脱剂(其液面高出沙层2 cm即可),以保持层析柱中的固定相不干。当再次加入的洗脱剂不再带有色素颜色时,就可将洗脱剂加至层析柱最上端。在层析柱下端用试管分段接收洗脱液,每段收集2 mL。用薄层层析法检验各段洗脱液,将相同组分的接收液合并,用旋转蒸发仪蒸发浓缩,收集辣椒红色素。

3.31.6　思考题

(1) 辣椒红色素的主要成分是什么?

(2) 柱层析、薄层层析的分离原理是什么?操作要点有哪些?

3.32　设计性实验

3.32.1　设计性实验的定义及开设的目的

所谓设计性实验是指学生根据给定的实验任务,自行设计实验方案、组织实验系统、独立进行操作并得出相应结果的实验;设计性实验旨在培养学生的创新意识和创新精神,提高学生分析问题和解决问题的能力。

3.32.2　设计性实验的特点

(1) 实验技能的综合性

(2) 实验操作的独立性

(3) 实验过程的研究性

(4) 实验结果的真实性

3.32.3 如何进行设计性实验

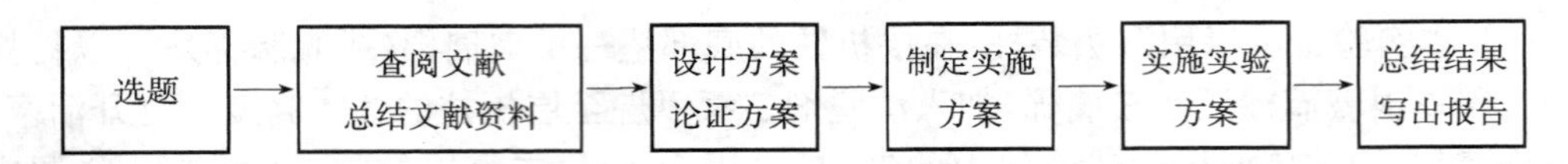

3.32.3.1 选题由教师拟定

这里以苯甲酸乙酯的制备为例进行说明。

3.32.3.2 查阅相关文献，总结文献资料

(1) 查阅文献的目的：了解前人的工作，了解研究进展状况。

(2) 文献类型：实验教材，各种制备手册，国内外期刊。

(3) 查阅方法：实验教材，书籍等看目录查阅；期刊，查近 10 年的文献，一般用关键词查。

(4) 通过校园网学校图书馆电子阅览室，查阅中文期刊网、万方、维普及外文相关数据库。

(5) 阅读整理文献：总结研究进展状况，为自己设计路线提供思路。

3.32.3.3 根据实际情况，设计实验方案

方案必须切合实际，具有可操作性；尽量选择原料易得、反应条件温和、催化剂价廉、后处理方便、收率高及环境友好的方案。方案一般需经过教师的认可。

3.32.3.4 制定实验实施细则

按所设计的方案，制定实施细则。

(1) 列出所需药品名称，实验仪器，检测设备等。

(2) 画出实验装置图。

(3) 按照设计的投料比，计算各原料用量。

(4) 画出反应流程图。

(5) 制定自己的"实验指导"，例如如何投料？温度控制在何范围？反应终点如何判断？如何拿到纯产品？产品纯度如何确定等。

实验实施细则要达到进实验室后，仅依靠它就可顺利进行实验的地步。

3.32.3.5 实验实施

根据自己的实验方案，进入实验室开展实验。

3.32.3.6 总结实验结果，写出报告

报告内容应含有 300 字左右的文献总结及选择设计方案的依据。

3.32.4 设计性实验的内容

实验选题：苯甲酸乙酯的制备(举例说明，可根据实际情况选择)

实验具体要求如下。

3.32.4.1 预习部分

(1) 根据文献调研，写出 300 字以上的文献总结。

(2) 计算由12.2 g苯甲酸为起始原料制备苯甲酸乙酯时所需其他物质的量;确定反应条件(如温度、反应物物质的量之比、催化剂种类和用量等)。

(3) 查阅反应物、产物及使用的其他物质的物理常数。

(4) 设计实验步骤(包括分析可能存在的安全问题,并提出相应的解决办法)。

(5) 列出所用的仪器种类及名称,并画出实验装置图。

(6) 提出反应的后处理方案。

(7) 对产物进行熔点测定,与标准物对照,比较纯度,如果条件允许可做红外光谱进行分析。

3.32.4.2 实验部分

(1) 学生预先向指导教师提出申请,并提交合理的实验方案,经教师审核通过方可进行实验,并确定实验的时间。

(2) 学生完成实验的具体操作。

(3) 整理好实验仪器和药品。

(4) 做好实验记录,教师签字确认。

3.32.4.3 报告部分

(1) 包括实验目的和要求完成的各项任务。

(2) 对实验现象进行讨论。

(3) 整理分析实验数据。

(4) 给出结论,确认实验所得产物是否符合要求。

第4章 有机化合物性质实验

4.1 不饱和烃的性质

4.1.1 实验目的

掌握不饱和烃的性质和鉴定方法。

4.1.2 实验原理

烯烃和炔烃分子中含有碳-碳双键或三键，属于不饱和化合物，易与卤素发生加成反应，生成卤代烃使溴的四氯化碳溶液褪色；也能与氧化剂作用，使高锰酸钾或重铬酸钾还原褪色。R—C≡CH 中的氢易被金属取代生成炔烃的金属化合物沉淀。

4.1.3 实验仪器和药品

仪器：试管，试管架，滴管。

药品：环己烯，精制石油醚，炔烃，0.5%高锰酸钾溶液，2%溴-四氯化碳溶液，Tollens 试剂，浓硝酸。

4.1.4 实验步骤

4.1.4.1 烯烃的性质实验

(1) 溴-四氯化碳溶液实验

在两支干燥的小试管中各加入 0.5 mL 2%溴-四氯化碳溶液，再分别逐滴加入约 10 滴环己烯和精制石油醚，充分振荡，观察溴的橙红色是否褪去。记录实验结果，写出反应式。

(2) 高锰酸钾溶液实验

在两支小试管中各加入 0.5 mL 0.5%高锰酸钾溶液，再分别逐滴加入约 15 滴环己烯和精制石油醚，充分振荡，观察高锰酸钾的紫色是否褪去，及有无褐色二氧化锰沉淀生成。

4.1.4.2 炔烃的性质实验

(1) 与卤素的反应

将乙炔通入盛有 0.5 mL 2%溴-四氯化碳溶液的试管中，观察现象，记录实验结果。

（2）炔化银的生成

取一支干燥的试管，加入 2 mL Tollens 试剂，通入乙炔或其他含有—C≡CH 结构的炔烃。观察实验现象，记录实验结果。

（3）乙炔铜的生成

将乙炔通入盛有 2 mL 氯化亚铜的氨溶液中，观察有无沉淀生成，记录实验结果。

4.1.5　注意事项

（1）炔银和炔铜等炔烃金属衍生物在干燥时，极易分解爆炸，故必须在实验完成后先加浓硝酸破坏沉淀，再洗试管；或者加稀硝酸和稀盐酸加热分解。

$$AgC\equiv CAg \longrightarrow 2Ag + 2C + 3.6\times10^5\ J$$

$$AgC\equiv CAg + 2HNO_3 \longrightarrow 2AgNO_3 + HC\equiv CH\uparrow$$

$$CuC\equiv CCu + 2HCl \longrightarrow Cu_2Cl_2 + HC\equiv CH\uparrow$$

（2）硝酸银氨水溶液，即 Tollen 试剂，储存时间过久会析出爆炸性黑色沉淀物 Ag_3N，应现用现配。

4.1.6　思考题

（1）进行不饱和烃与卤素的加成反应时，为什么一般不用溴水，而用溴-四氯化碳溶液？

（2）乙炔银和乙炔亚铜的试管实验结束后应如何妥善处理？

4.2　芳烃的性质

4.2.1　实验目的

掌握芳烃的性质和鉴别方法。

4.2.2　实验原理

芳烃具有芳香性，化学性质稳定，易取代、难加成、难氧化。苯是最典型的芳烃，容易发生苯环上的取代反应，如卤代、硝化、磺化、傅-克反应等。

具有芳环结构的化合物在无水三氯化铝的催化下与氯仿发生傅-克反应，生成有颜色的物质，从生成物的颜色可以初步推测芳烃的结构。当苯环上有取代基时，对苯环的亲电取代反应和氧化反应都有影响。芳烃 α-碳上含有氢的侧链可被高锰酸钾氧化成羧基，同时可观察到高锰酸钾溶液颜色褪去。

4.2.3 实验仪器和药品

仪器:试管,试管架,水浴锅,紫外灯。

药品:苯,甲苯,二甲苯,萘,0.5%高锰酸钾,10%硫酸溶液,浓硫酸,20%溴-四氯化碳溶液,浓硝酸,三氯化铝,饱和氯化钠溶液。

4.2.4 实验步骤

4.2.4.1 芳烃的取代反应

(1) 溴代

在三支干燥小试管中分别加入等体积的苯、甲苯、二甲苯,液柱高度约 3~4 cm,然后给每支试管套上约 1.5 cm 高的黑纸筒。

向每支试管中各加入 3~4 滴 20%溴-四氯化碳溶液,振荡摇匀后,把试管放在离灯源(可用 60 W 以上的日光灯或者紫外灯)2~3 cm 处,使每支试管上光照强度基本相等。观察试管褪色情况,判断取代基和光照对溴代反应的影响。

(2) 磺化

在三支小试管中分别加入苯、甲苯、二甲苯各 1.5 mL,分别加入浓硫酸 2 mL,在水浴中加热到 75℃,振荡,观察比较各样品反应活性的差异,当反应液不分层表示反应完成。把反应后的混合物分成两份,一份倒入盛有 10 mL 水的小烧杯中,另一份倒入 10 mL 饱和氯化钠溶液中,观察现象。

(3) 硝化

在冷却下将 3 mL 浓 HNO_3逐滴加入 4 mL 浓 H_2SO_4中,冷却振荡。之后将混酸分成两份,在冷却下分别慢慢滴加 1 mL 苯、1 mL 甲苯,充分振荡,在 50~60℃水浴上加热10 min。把反应液再分别倾入盛有 10 mL 冷水的烧杯中搅拌、静置,观察现象。

4.2.4.2 高锰酸钾溶液氧化

在两支试管中分别加入苯、甲苯各 0.5 mL,再分别加入 0.5 mL 10%硫酸溶液和 1 滴 0.5%高锰酸钾溶液,水浴 60~70℃加热 15 min,观察现象。

4.2.4.3 芳烃的鉴定

在三支干燥的小试管中各加入氯仿 2 mL,再分别加入苯、甲苯、萘各两滴,充分振荡混匀。然后加入 0.1~0.2 g 无水 $AlCl_3$,观察颜色变化。

4.2.5 注意事项

(1) 甲苯的光催化溴代反应生成苄溴,具有刺激性气味和催泪性。

(2) 不同芳烃在三氯化铝的催化下与氯仿发生傅-克反应,产物的颜色不同,具体如表 4-1所示。

表 4-1 不同芳烃发生傅-克反应的产物颜色

芳烃	产物颜色
苯及其同系物	橙色至红色
萘	蓝色
蒽	黄绿色
联苯	蓝色

4.2.6 思考题

(1) 苯、甲苯、二甲苯在光照下溴代,溶液褪色快慢有何差异?
(2) 三氯化铝在傅-克反应中有什么作用?
(3) 二甲苯的取代反应为什么比甲苯和苯要快?

4.3 卤代烃的性质

4.3.1 实验目的

(1) 了解不同结构卤代烃反应活性的差异。
(2) 了解卤代烃中不同卤素离去能力的差异。

4.3.2 实验原理

卤代烃分子中的 C—X 键比较活泼,—X 可以被—OH、$—NH_2$、—CN 等取代,也可与硝酸银的醇溶液作用,生成不溶性的卤化银沉淀。

烃基的结构和卤素的种类是影响反应的主要因素,分子中卤素活泼性越大,反应进行得就越快。各种卤代烃的活泼性顺序如下:

R—I > R—Br > R—Cl

$RCH{=}CHCH_2X$, $PhCH_2X$, R_3CX > $(CH_3)_2CHX$ > R—X > $RCH{=}CHX$, Ph—X

各种卤代烃与硝酸银-乙醇溶液反应,反应速度有很大的差别,在室温下 $RCH{=}CHCH_2X$, $ArCH_2X$, R_3CX 是能立刻产生卤化银沉淀的卤代化合物;在室温下无明显反应,但加热后能产生沉淀的卤代烃有 RCH_2X, R_2CHX;在加热下也无卤化银沉淀生成的卤代烃有 ArX, $RCH{=}CHX$, HCX_3。

4.3.3 实验仪器和药品

仪器:试管,滴管。

药品:1-氯丁烷,1-溴丁烷,1-碘丁烷,硝酸银-乙醇溶液,苄氯,氯苯。

4.3.4 实验步骤

4.3.4.1 相同烃基上不同卤素活性的比较

取三支洁净、干燥的小试管,各加入 0.5 mL 硝酸银-乙醇溶液,然后分别加入 2～3 滴 1-氯丁烷、1-溴丁烷、1-碘丁烷,振荡后观察现象。将不反应的试管放在水浴中缓缓加热数分钟,再观察有什么现象产生。

4.3.4.2 不同烃基上的氯原子活性比较

取三支洁净、干燥的小试管,各加入 1 mL 硝酸银-乙醇溶液,再分别加入 5 滴苄氯、1-氯丁烷、氯苯,振荡后静置 5 min,观察现象。将不反应的试管放入水浴中缓缓加热,冷却后,观察有无沉淀析出,然后在沉淀物中加 1 滴稀硝酸,观察沉淀是否溶解。

4.3.5 思考题

(1) 说明下列卤代烃反应活泼性按以下次序排列的原因。

$$PhCH_2Cl > CH_3(CH_2)_2Cl > PhCl$$

(2) 如何鉴别下列化合物?

$$CH_3CH_2Br \text{ 和 } CH_2{=}CHBr$$

(3) 实验中可否用硝酸银的水溶液代替硝酸银的醇溶液?为什么?

4.4 醇和酚的性质

4.4.1 实验目的

(1) 进一步认识醇和酚的一般性质。
(2) 比较醇和酚在化学性质上的差异。

4.4.2 实验原理

羟基是醇类化合物的官能团,能发生取代、消去、氧化等反应。醇羟基与水分子形成氢键有助于醇的溶解,但低分子的醇在水中的溶解度不同。羟基具有活泼氢,能与金属钠、钾作用放出氢气。伯、仲、叔醇与氢卤酸反应的速度明显不同,因此可用卢卡斯(Lucas)试剂鉴别低级的伯、仲、叔醇。伯醇、仲醇易被强氧化剂氧化,可使高锰酸钾溶液褪色,叔醇较难被氧化。

多元醇除了具备一元醇的性质外,还能与许多金属氢氧化物作用生成类似盐的化合物。

如:邻二醇与新配制的氢氧化铜反应生成能溶于水的绛蓝色或蓝紫色配合物。此反应可用来鉴定邻位多元醇。另外,邻位多元醇还能与高锰酸钾作用,使高锰酸钾溶液褪色。

酚羟基直接与芳环相连,使芳环活性增强,易发生芳环上的亲电取代反应,苯酚能使溴水褪色生成2,4,6-三溴苯酚白色沉淀,此反应可用来检验苯酚。另外具有酚羟基的有机化合物中大多数与三氯化铁有显色反应,由于酚的结构不同,显现出的颜色亦各异。

4.4.3 实验仪器和药品

仪器:恒温水浴锅,试管,滴管,量筒。

药品:甲醇,乙醇,丁醇,辛醇,钠,酚酞,仲丁醇,叔丁醇,无水氯化锌,浓盐酸,1%高锰酸钾溶液,氢氧化钠,硫酸铜,乙二醇,甘油,苯酚,pH 试纸,饱和溴水,浓硫酸,饱和碳酸氢钠水溶液,1%三氯化铁溶液。

4.4.4 实验步骤

4.4.4.1 醇的性质

(1) 比较醇的同系物在水中的溶解度

在四支试管中各加入 2 mL 水,然后分别加入甲醇、乙醇、丁醇、辛醇各 10 滴,振荡并观察溶解情况;如已溶解则再加 10 滴样品,观察现象,从而可得出什么结论。

(2) 活泼氢试验

在一干燥的试管中加入 1 mL 无水乙醇,然后加入一小粒金属钠,观察是否有气体放出。若有气体放出,检验为何种气体。待金属钠完全消失后,向试管中加入 2 mL 水,再滴加 0.1%的酚酞指示剂,检查溶液的酸碱性,并解释之。

(3) 醇与卢卡斯试剂的作用

在三支干燥试管中分别加入 0.5 mL 正丁醇、仲丁醇或叔丁醇,然后加入 2 mL 卢卡斯试剂,振荡后静置,温度最好保持在 25℃左右,在 5 min 及 1 h 后,观察试管中有无混浊和分层现象。记下变混浊和分层的时间。

(4) 醇的氧化

在三支小试管中各加入 0.2 mL 1%高锰酸钾溶液和 1 滴浓硫酸,再分别加正丁醇、异丙醇或叔丁醇各 1 mL,混匀后,于水浴中微微加热,观察溶液颜色变化,并关注试管口的气味。

(5) 多元醇与氢氧化铜作用

在一支小试管中加入 10%硫酸铜溶液 10 滴,再加入 5%氢氧化钠溶液 6 mL,配成新鲜的氢氧化铜溶液,观察现象。将此悬浊液分成三份,分别加入 2 滴甘油、乙二醇或乙醇,比较其结果。

4.4.4.2 酚的性质

(1) 苯酚的酸性

取蓝色石蕊试纸三小块分别放在三个洁净表面皿上,用水润湿,在试纸上分别滴 1 滴苯酚的饱和水溶液、苯甲醇(苄醇)或乙醇。观察并比较现象。

取两支试管,各加入 0.2 g 固体苯酚样品,1 mL 水,振荡,观察样品能否完全溶解。然后向其中的一支试管中加入 10% 氢氧化钠溶液 1 mL，观察现象；向另一支试管中加入饱和碳酸氢钠溶液，观察有无二氧化碳气体放出，比较结果。

(2) 苯酚与溴水作用

取苯酚饱和水溶液两滴，用水稀释至 2 mL，再逐滴加入饱和溴水，用力振荡，观察有何现象。

(3) 苯酚与三氯化铁溶液作用

在一试管中加入 0.5 mL 苯酚饱和水溶液和 1 mL 水，摇匀后再滴加 3～4 滴 1%三氯化铁溶液，观察颜色的变化。

4.4.5 注意事项

(1) 活泼氢试验中，试管和醇样品必须干燥，不含水分，否则水亦会与金属钠作用而得不到理想的结果。

(2) 卢卡氏试剂系浓盐酸-无水氯化锌的溶液。此法适用于鉴别 C_3 和 C_4 的醇，因为大于 6 个碳的醇不溶于卢卡氏试剂，而 C_1 和 C_2 的醇所得的氯代烷是气体，故不适用。

(3) 某些酚类化合物与三氯化铁溶液作用所生成的有色物质极不稳定，颜色瞬间消失，故必须注意滴入后立即观察现象。三氯化铁溶液切勿多加，否则反应所产生的颜色易被三氯化铁溶液的深黄色所掩盖，观察不到理想的结果。

4.4.6 思考题

(1) 用卢卡斯试剂检验伯、仲、叔醇的实验中，成功的关键何在？对于六个碳以上的伯、仲、叔醇是否能用卢卡斯试剂进行鉴别？

(2) 苯酚为什么能与三氯化铁溶液发生显色反应？是否所有的酚都能与三氯化铁溶液显色？

(3) 与氢氧化铜反应产生绛蓝色是邻羟基多元醇的特征反应，此外，还有什么试剂能起类似的作用？

4.5 醛和酮的性质

4.5.1 实验目的

认识醛、酮的性质，掌握醛、酮的鉴别方法。

4.5.2 实验原理

醛(RCHO)和酮(RCOR)都含有羰基(C=O)，结构的相似表现在化学性质方面具有一些共性反应，主要性质是易于发生亲核加成反应；由于受到羰基的影响，醛、酮的 α-H 也表现出一定的活性。但醛的羰基是与一个烃基和一个氢原子相连，而酮的羰基则与两个烃基相连，由于结构上的差异又使醛和酮在化学反应方面各有其特殊性。

4.5.3　实验仪器和药品

仪器：恒温水浴锅，试管，量筒，烧杯，电子天平，吸量管。

药品：2,4-二硝基苯肼，甲醛，95%乙醛，丙酮，苯甲醛，95%乙醇，亚硫酸氢钠，苯乙酮，碘，碘化钾，异丙醇，品红盐酸盐，浓盐酸，2%硝酸银溶液，硫酸铜，浓硫酸，氢氧化钠。

4.5.4　实验步骤

4.5.4.1　醛和酮的共性反应

(1) 与亚硫酸氢钠的作用

在四支干燥的试管中各加入 2 mL 新配制的饱和亚硫酸氢钠溶液，然后分别滴加 1 mL 苯甲醛、乙醛、丙酮或环己酮试样，用力振荡后，将试管放在冰水浴中冷却数分钟，观察是否有晶体析出及沉淀析出的相对快慢。

(2) 与 2,4-二硝基苯肼的反应——腙的生成

取三支试管，各加入 5 滴 2,4-二硝基苯肼试剂，然后再分别加入 1 滴甲醛、乙醛或丙酮，用力振荡试管，静置片刻后，观察有无结晶析出，若无沉淀生成，可微热半分钟再振荡，冷却后再观察现象，并注意其颜色。

2,4-二硝基苯肼试剂的配制：取 1 g 2,4-二硝基苯肼，溶于 7.5 mL 浓硫酸中，将此溶液加到 75 mL 95%乙醇中，然后用水稀释到 250 mL，必要时需过滤。

(3) 碘仿反应

取五支小试管，分别加入甲醛、乙醛、丙醛、异丙醇或丙酮 3 滴，再各加入 10 滴碘溶液，这时溶液呈深红色。然后分别逐滴加入 5%NaOH 溶液至碘液颜色恰好消失为止，观察有何变化并嗅其气味(能否嗅到碘仿的气味)。若无沉淀生成，可把试管放到 50～60℃的水浴中，温热几分钟再观察，并比较结果。

碘溶液的配制：2 g 碘和 5 g 碘化钾，溶于 100 mL 水中即得。

4.5.4.2　醛的特殊性质

(1) 银镜反应

在四支洁净的试管中各加入 1 mL 硝酸银-氨溶液，然后再分别加入甲醛、乙醛、丙酮或苯甲醛 3～4 滴，振荡混匀后静置片刻，观察有何变化。如果没有变化，把试管放在50～60℃的水浴上温热几分钟，再观察有无银镜生成。

硝酸银-氨溶液的配制：在洁净的试管中加入 4 mL 2%硝酸银溶液，振荡下逐滴加入浓氨水，开始会产生沉淀，再继续滴加直至析出的沉淀刚好溶解，即得到澄清的硝酸银-氨溶液，即托伦试剂。

(2) 斐林(Fehling)反应

在四支试管中分别加入斐林溶液Ⅰ及斐林溶液Ⅱ各 5 滴，摇匀后再分别加入甲醛、乙醛、丙酮或苯甲醛 2 滴，振荡，将四支试管一起放在沸水浴中加热 3～5 min，注意观察颜色

的变化及是否有红色沉淀析出。

斐林溶液的配制：斐林溶液Ⅰ：将 34.6 g $CuSO_4 \cdot 5H_2O$ 溶于 200 mL 水中，用 0.5 mL 浓 H_2SO_4 酸化，再用水稀释至 500 mL；斐林试剂Ⅱ：取 173 g 酒石酸钾钠，50 g NaOH 固体溶于 400 mL 水中，再稀释至 500 mL，必要时过滤。

(3) 希夫(Schiff)实验

在四支试管中各加入 1 mL 希夫试剂(Schiff 试剂)，再分别滴加甲醛、乙醛、丙酮或苯乙酮试样 2 滴，振荡摇匀，放置数分钟，然后分别向溶液中逐滴加入浓硫酸，边滴边摇，观察现象。

希夫试剂的配制：溶解 0.2 g 品红盐酸盐于 120 mL 热水中，冷却，然后依次加入 20 mL 亚硫酸氢钠溶液(体积比 1∶10)和 2 mL 浓盐酸，再用蒸馏水稀释至 200 mL。

4.5.5 注意事项

(1) 配制硝酸银-氨溶液时，过量的氨水会降低试剂的灵敏度，故不宜多加。

(2) 试管若不干净，金属银呈黑色细粒状沉淀，不呈现银镜。试验完毕后，应加少量硝酸，立刻煮沸洗去银镜。

(3) 因酒石酸钾钠和氢氧化铜的配合物不稳定，故需要分别配制，试验时将两溶液等量混合。

(4) 斐林溶液呈深蓝色，与醛共热后溶液依次有下列颜色变化：蓝色→绿色→黄色→红色，芳醛不能与斐林溶液反应。

4.5.6 思考题

(1) 鉴别醛和酮有哪些简便方法？

(2) 什么叫卤仿反应？具有哪种结构的化合物能发生卤仿反应？

(3) 托伦试剂为什么要在临用时才配置？银镜实验完毕后，应该加入硝酸少许，煮沸洗去银镜，为什么？

4.6 羧酸及其衍生物的性质

4.6.1 实验目的

验证羧酸及其衍生物的性质。

4.6.2 实验原理

含有羧基(—COOH)的化合物被称为羧酸，羧酸典型的化学性质是具有酸性，并且酸性比碳酸强，故羧酸不仅溶于氢氧化钠溶液，而且也能溶于碳酸氢钠溶液。饱和一元羧酸中，甲酸酸性最强，而低级饱和二元羧酸的酸性又比一元羧酸的强。羧酸能与碱作用生成盐，与醇作用生成酯。甲酸和草酸还具有较强的还原性，甲酸能发生银镜反应。草酸能被高锰酸钾氧化，此反应常用于定量分析。

羧酸衍生物都含有酰基结构，具有相似的化学性质。在一定条件下，羧酸衍生物都能发生水解、醇解、胺解等反应，其活泼性顺序为：酰卤>酸酐>酯>酰胺。

4.6.3 实验仪器和药品

仪器：恒温水浴锅，试管，滴管。

药品：甲酸，乙酸，草酸，乙酰氯，乙酸酐，0.5%高锰酸钾溶液，稀硫酸（1∶5），20%碳酸钠水溶液，氯化钠，苯胺，乙醇，2%硝酸银溶液，刚果红试纸。

4.6.4 实验步骤

4.6.4.1 羧酸的性质

（1）羧酸的酸性

将甲酸、乙酸各5滴及草酸0.2 g分别溶于2 mL水中，用洁净的玻璃棒分别蘸取相应的酸液在同一条刚果红试纸上画线，比较各线条的颜色及深浅程度。

（2）加热分解作用

取三支试管分别加入1 mL甲酸、1 mL乙酸和1 g草酸，装上带有导气管的软木塞，导气管的末端分别伸入装有2 mL石灰水的试管里，加热盛酸的试管，观察有何现象，说明理由。

（3）氧化作用

将0.5 mL甲酸、0.5 mL乙酸及0.2 g草酸分别加入三支盛有1 mL水的试管中，然后分别加入1 mL稀硫酸（1∶5）和2～3 mL 0.5%的高锰酸钾溶液，加热试管至沸腾，观察现象。

4.6.4.2 酰氯和酸酐的性质

（1）水解作用

在试管中加2 mL水，再加入1～2滴乙酰氯，振荡，观察有何现象。反应结束后在溶液中加1～2滴2%硝酸银溶液，观察有何现象，解释原因。

（2）醇解作用

在干燥的试管中加入1 mL无水乙醇，慢慢滴加1 mL乙酰氯，冰水冷却试管并不断振荡。反应结束后先加入1 mL水，然后小心用20%碳酸钠溶液中和反应液至中性，即有酯层析出并浮于液面上。若没有酯层，再加入粉末状氯化钠至溶液饱和为止，观察现象并闻气味。

（3）氨解作用

在干燥的试管中加入新蒸馏的苯胺5滴，然后慢慢滴加乙酰氯8滴，待反应结束后再加入5 mL水并用玻璃棒搅匀，观察现象。

用乙酸酐代替乙酰氯重复上述三个试验，比较反应现象。若反应较慢可用水浴加热。

4.6.5 注意事项

(1) 刚果红试纸的变色范围是 pH=3～5，故本实验也可以用精密 pH 试纸代替。酸性越强的样品，画线的颜色越亮。草酸酸性最强，画线为亮蓝色；甲酸其次，为蓝色；乙酸酸性最弱，为深蓝色。

(2) 甲酸的还原性最强，高锰酸钾溶液褪色最快，其次是草酸。乙酸不能使酸性高锰酸钾溶液颜色褪去。

(3) 试管要用去离子水洗净，不能用自来水洗，因为其中的氯离子会干扰测试。乙酰氯的水解相当剧烈，请务必在通风橱中进行，而且滴加要慢。

(4) 乙酰氯与醇反应十分剧烈，并伴有爆破声。滴加时要慢，一滴一滴地加入，防止液体从试管内溅出。

4.6.6 思考题

(1) 甲酸具有还原性，能使高锰酸钾褪色，能发生银镜反应。乙酸是否也具有此性质？为什么？

(2) 根据实验事实，比较各种羧酸衍生物的化学活泼性。

4.7 胺的性质

4.7.1 实验目的

(1) 熟悉脂肪族胺和芳香族胺的化学性质。

(2) 学习用简单的化学方法鉴别伯胺、仲胺、叔胺。

4.7.2 实验仪器和药品

仪器：冰箱，水浴锅，试管，量筒，电子天平，滴管。

药品：苯胺，浓盐酸，氢氧化钠，饱和溴水，亚硝酸钠，β-萘酚，N-甲基苯胺，丁胺，二乙胺，N,N-二甲基苯胺，三乙胺，苯磺酰氯，碘化钾-淀粉试纸。

4.7.3 实验原理

胺可看作氨(NH_3)分子中的氢原子被烃基取代的产物。$-NH_2$ 被称为氨基，它与脂肪烃基相连为脂肪胺，与芳基相连则被称为芳胺。按氢原子被烃基取代的数目又分为伯胺、仲胺、叔胺。

胺具有弱碱性，可与酸成盐，胺类性质较活泼，在制药及药物分析中具有重要意义。

4.7.4 实验步骤

4.7.4.1 弱碱性

取 1 mL 水于试管中，滴加 5 滴苯胺，振荡，观察苯胺是否溶于水。然后加入 3 滴浓盐酸，振荡观察其变化。全部溶解后，再加入 3～4 滴 20%氢氧化钠溶液，又有何变化？如何解释这些现象？

4.7.4.2 苯胺与溴水作用

在试管中加入 2～3 mL 水，再加入 1 滴苯胺，振荡使其全部溶解后，取此苯胺水溶液 1 mL，逐滴加入饱和溴水，振荡观察现象。

4.7.4.3 与亚硝酸反应

(1) 伯胺的反应

取丁胺 0.5 mL 于试管中，加盐酸使其成酸性，然后滴加 5%亚硝酸钠溶液，观察有无气泡放出，液体是否澄清。

取 0.5 mL 苯胺于另一支试管中，加 2 mL 浓盐酸和 3 mL 水，于冰水浴冷却至 0℃；再取 0.5 g 亚硝酸钠溶于 2.5 mL 水中，用冰水浴冷却，再慢慢加入到装有苯胺盐酸盐的试管中，边加边搅拌，至碘化钾-淀粉试纸呈蓝色为止，此为重氮盐溶液。

取 1 mL 重氮盐溶液加热，观察现象，闻气味。

取 1 mL 重氮盐溶液，加入数滴 β-萘酚溶液(0.4 g β-萘酚溶于 4 mL 5% NaOH 溶液中)，观察现象。

(2) 仲胺的反应

取 1 mL N-甲基苯胺及 1 mL 二乙胺分别于两支试管中，各加入 1 mL 浓盐酸及 2.5 mL水，冰水浴冷却至 0℃。再取两支试管，各溶解 0.75 g 亚硝酸钠于 2.5 mL 水中，把两支试管中的亚硝酸钠溶液分别慢慢加入到上述盛有仲胺盐酸盐的试管中，振荡并观察现象。

(3) 叔胺的反应

用 N，N-二甲基苯胺及三乙胺分别重复(2)中的实验，结果如何？

4.7.4.4 苯磺酰氯(Hinsberg)反应

在三支试管中，分别加入苯胺、N-甲基苯胺或 N，N-二甲基苯胺一滴，10%氢氧化钠溶液 10 滴，苯磺酰氯 2 滴，塞住试管口，剧烈振荡，除去塞子，振荡下在水浴上温热(不可煮沸)，冷却溶液，用试纸检验是否呈碱性，观察有无固体或油状物析出。

4.7.5 注意事项

(1) 苯胺是弱碱，难溶于水，它与盐酸形成的苯胺盐酸盐(弱碱强酸盐)易溶于水。

(2) 在氨基的邻、对位引入三个电负性较大的溴后，通过诱导效应而使氮上的未共用电子对移向苯环，所以 2,4,6-三溴苯胺的碱性变得更弱，它几乎不溶于稀的氢溴酸中，故有沉淀析出。有时反应液也常呈粉红色，系溴水将部分苯胺氧化产生了复杂的有色产物。

(3) 重氮化反应时，浓盐酸的用量相当于胺的3倍，一份与亚硝酸钠作用生成亚硝酸，一份使其产生重氮盐，一份用来保持溶液的酸性。过量的盐酸，不仅可提高重氮盐的稳定性，防止重氮盐变成重氮碱，再重排为重氮酸，而且可以防止苯胺盐酸盐水解成游离胺。而在弱酸性溶液中，重氮酸能与苯胺发生反应。

(4) 由于亚硝酸受热可分解为一氧化氮、二氧化氮，重氮盐受热易水解成苯酚，所以重氮化反应一般控制在低温0～5℃下进行。如果温度过高，就会有黄色沉淀物生成，易和仲胺混淆，故必须充分冷却。

(5) β-萘酚碱性溶液的配制：4 g β-萘酚溶于40 mL 5%氢氧化钠水溶液中即成，实验最好用新配制的。

酚类与重氮化合物发生偶合反应，有时在弱酸性条件下进行，一般多在中性或弱碱性溶液中进行。而胺类与重氮化合物的反应则宜在中性或弱酸性溶液中进行。

(6) *N*,*N*-二甲基苯胺加热时，可能生成紫色或蓝色染料。

(7) Hinsberg反应中，伯、仲、叔三种胺反应现象不同：

① 苯胺无沉淀产生，为透明溶液，加稀盐酸呈酸性后才析出沉淀；

② *N*-甲基苯胺析出白色沉淀，此沉淀不溶于水，也不溶于盐酸；

③ *N*,*N*-二甲基苯胺不起反应，故仍为油状，加数滴浓盐酸后溶解成透明溶液。

4.7.6 思考题

(1) 用碘化钾-淀粉试纸来检验重氮化反应的根据是什么？

(2) 在亚硝酸试验中，为什么脂肪族伯胺容易放出氮气而芳香族伯胺要升高反应温度后才有氮气放出？

(3) 2,4,6-三溴苯胺中有氨基，能否溶解在稀氢溴酸中，为什么？用实验验证。

(4) *N*,*N*-二甲基苯胺中含有痕量的苯胺和*N*-甲基苯胺，提出一个除去杂质的方案。

附录 1　英 文 实 验

Experiment Ⅰ　Preparation of Cyclohexene by Elimination

1. Learning Objective

(1) To familiarize the practical procedure of acid-catalyzed elimination (dehydration) of alcohols.

(2) To learn how to tackle with equilibrating reaction—shifting the reaction towards the product side by continuous removal of product(s).

(3) To learn the laboratory technique of extraction.

2. Introduction

Acid-catalyzed dehydration of alcohols is a common method for the preparation of alkenes. The dehydration process has several limitations. The reaction is an equilibrium, so the desired alkene can be rehydrated under the same conditions unless the product can be removed from the reaction mixture.

Treatment of cyclohexanol with a strong acid establishes an equilibrium with the protonated alcohol. Loss of water produces the secondary carbocation intermediate that can further lose a proton to give the alkene, react with the conjugate base of the acid used, or with the staring alcohol to produce an ether. Removal of one of the components of this equilibrium mixture will shift the equilibrium towards the products (Le Chatelier's principle).

Cyclohexene is the lowest boiling component of the equilibrium mixture and can be distilled from the reaction as it is formed.

In this experiment you will synthesize cyclohexene from the given cyclohexanol by acid-catalyzed elimination (dehydration). The formed cyclohexene are removed from the reaction mixture continuously during the reaction by fractional distillation. The collected crude product will be washed with saturated sodium carbonate solution (extraction) to remove any acid impurities. The product will then be purified by simple distillation.

Reaction Equation:

$$\text{cyclohexanol (C}_6\text{H}_{11}\text{–OH)} \xrightarrow{H_3PO_4\,(80\%)} \text{cyclohexene} + H_2O$$

3. Apparatus and Reagents

Apparatus: round-bottomed flask; conical flask; fractional column; separatory funnel; thermometer; reflux condenser; stillhead; constant temperature magnetic stirring electrothermal set.

Reagents: cyclohexanol(10 mL, 9.6 g, 0.096 mol); 85% concentrated phosphoric acid (5 mL); saturated sodium chloride solution; anhydrous calcium chloride; bromine solution.

4. Experimental Procedure

(1) Acid-Catalyzed Elimination (Dehydration) of Cyclohexanol

Place 10 mL of cyclohexanol in a 50 mL round-bottomed flask. With magnetic stirring, add slowly 5 mL of concentrated phosphoric acid. Assemble a fractional distillation apparatus with a fractional column carrying a thermometer at its upper end, and a conical flask cooled in ice as receiver, as shown in the diagram. Make sure the water tubings of the condenser are properly connected and secured by cable ties. Turn on the water tap to give a moderate water flow. Ask your demonstrator to inspect your apparatus before start heating.

Heat the reaction mixture until the products begin to boil. The temperature of distilling vapor at the top of the column should not exceed 90℃. The reaction time is about 40 minutes.

(2) Remove of Acid Residue by Extraction

After the reaction, disassemble the fraction distillation apparatus, and pour the distillate into a separatory funnel. Add 5 mL of saturated sodium chloride solution. With the separatory funnel properly clamped or placed in a ring, allow the two layers to separate. Run off the lower aqueous layer and leave it aside. Collect the organic layer into a conical flask. This layer contains the crude, wet cyclohexene.

Dry the cyclohexene with a small amount of anhydrous calcium chloride allow the solution to stand with occasional shaking until the cyclohexene layer is clear. Prepare a fluted filter and filter the crude cyclohexene directly by gravity filtration into a small dry 25 mL round-bottomed flask. Add a magnetic stirrer bar.

(3) Purification of Cyclohexene by Simple Distillation

Assemble the simple distillation apparatus with the crude cyclohexene. Make sure all the glasswares are clean and dried. If moisture is left in the apparatus, it should be rinsed with acetone and air-dried.

Prepare two clean and dry test tubes and record the weights. Distill the crude cyclohexene directly into the test tube. Collect the fractions which boiling from 80℃ to 85℃. Discard any low boiling fractions.

Determine the weight and yield of the product.

(4) Structural Characterization

① Determine the boiling point of the product.

② Dissolve two drops of your products in 1 mL of carbon tetrachlorlde in a clean test tube. Add a few drops of bromine solution in carbon tetrachlolde. Record and comment your observation.

5. Experimental Date and Results

You should include the following items in your report:

(1) The reaction mechanism of the dehydration of alcohols.

(2) The reaction mechanism of the Br_2-CCl_4 test.

(3) The yield of cyclohexene obtained.

(4) The measured boiling point of cyclohexene in the experiment.

6. Discussion

(1) Phosphoric acid is used as the acid catalyst in the experiment instead of sulfuric acid. What is the advantage of using phosphoric acid for the dehydration reaction?

(2) Why must the temperature of the distilling vapor be controlled to about 105℃?

(3) How to judge the termination of this reaction?

Experiment Ⅱ Synthesis of Acetanilide

1. Learning Objective

(1) Learning the principle and method of preparing acetanilide by glacial acetic acid as the acetylating reagent.

(2) Master the technique of fractionating distillation and recrystallizing solids.

2. Introduction

Acetanilide is used as an inhibitor in hydrogen peroxide and stabilizer for cellulose ester varnishes. It is used as an intermediate for the synthesis of rubber accelerators, dyes and dye intermediate and camphor. It is used as a precursor in penicillin synthesis and other pharmaceuticals and its intermediates.

Amide is a group of organic chemicals with the general formula $RCO-NH_2$, in which a carbon atom is attached to oxygen in double bond and also attached to a hydroxyl group, where "R" groups range from hydrogen to various linear and ring structures or a compound with a metal replacing hydrogen in ammonia such as sodium amide ($NaNH_2$). Amides are divided into subclasses according to the number of substituents on nitrogen. The primary amide is formed from by replacement of the carboxylic hydroxyl group by the amino group(NH_2). An example is acetamide (acetic acid + amide). Amide is obtained by reaction of an acid chloride, acid anhydride, or ester with an amine. Amide can be formed from ammonia (NH_3). The secondary and tertiary amides are the compounds which one or both hydrogens in primary amides are replaced by other groups. Low molecular weight amides are soluble in water due to the formation of hydrogen bonds. Primary amides have higher melting and boiling points than secondary and tertiary amides. Anilide is an amide in which one or more hydrogens are replaced by phenyl. Some structural amides are: acetamides, acrylamides, benzamides, formamides, lactams, sulfonamides, thioamides, fatty amides, etc.

An amide is hydrolyzed to yield an amine and a carboxylic acid under strong acidic conditions. The reverse of this process resulting in the loss of water to link amino acids is wide in nature to form proteins, the principal constituents of the protoplasm of all cells. Sulfonamides are analogs of amides in which the atom attached to oxygen in double bond is sulfur rather than carbon. Polyamides is a polymer containing repeated amide group such as various kinds of nylon and polyacrylamides.

Physical and Chemical Properties of Acetanilide

Physical State	White Leaflets or Flakes, Odorless
Melting Point	114～116℃
Boiling Point	304℃
Specific Gravity	1.129
Solubility in Water	Soluble Hot Water
Stability	Stable Under Ordinary Conditions

Reaction Equation:

$$C_6H_5-NH_2 + CH_3COOH \underset{\triangle}{\overset{Zn}{\rightleftharpoons}} C_6H_5-NH-\overset{O}{\overset{\|}{C}}-CH_3 + H_2O$$

3. Apparatus and Reagents

Apparatus: round-bottomed flask; conical flask; fractional column; Buchner funnel; thermometer; filter flask; stillhead; constant temperature electrothermal set; water circulating multi-purpose vacuum pump; oven.

Reagents: glacial acetic acid (8.5 mL, 0.13 mol); aniline (5 mL, 0.055 mol); zinc power; activated carbon.

4. Experimental Procedure

(1) Place 5 mL (0.55 mol) aniline and 7.5 mL (0.13 mol) acetic acid in a round-bottomed flask and assemble the fractional distillation apparatus.

(2) Heat the flask gently at a low temperature for about 10 minutes. When the temperature reaches 100℃, keep the reaction mixture boiling for 30 minutes.

(3) Pour the reaction mixture into 100 mL cooled water slowly with stirring, colling, suction filter. Wash the solids with 5～10 mL cool water.

(4) Purify the crude acetanilide with recrystallization.

(5) Drying the crystal in oven below 100℃ and weigh it.

5. Experimental Date and Results

(1) Describing the Product

Color, amounts, sate and melt point.

(2) Calculation of Yield

Yield(%) = (Experimental yield)/(Theoretical yield) × 100%

6. Discussion

(1) Why is the final product from the crystallization process isolated by vacuum filtration and not by gravity filtration?

(2) What is the reason for using activated carbon during a crystallization?

Experiment Ⅲ Synthesis of Diazo Dye—Methyl Orange

1. Learning Objective

(1) Learning the principle of diazo-reaction and coupling reaction.

(2) Master the method of synthesis of a common diazo dye—methyl orange.

2. Introduction

The practice of using dyes is an ancient art. There is substantial evidence that plant dyestuffs were known long before humans began to keep written history. Dyes are used for clothing, for food, for the manufacture of plastics, as pigments in paints, as well as used in printing inks and in certain color printing processes. The most common type of dye that is using is the azo dyes. Azo dyes have the basic structure:

$$Ar—N═N—Ar'$$

The unit containing the nitrogen-nitrogen bond is called an azo group, a strong chromophore that imparts a brilliant color to these compounds.

Mechanism:

$H^+—OH_2$

$Na^+ \cdot {}^-O_3S—C_6H_4—\ddot{N}=\ddot{N}—C_6H_4—\ddot{N}(CH_3)_2$

methyl orange (Azo Dye) pH>4.4 (yellow w/λ_{max} = 462 nm)

deprotonation (OH^-) ⇅ protonation (H_3O^+)

$Na^+ \cdot {}^-O_3S—C_6H_4—\overset{+}{N}(H)=\ddot{N}—C_6H_4—\ddot{N}(CH_3)_2$

helianthin (protonated dye) pH<3.2 (red w/λ_{max} = 506 nm)

⇅ resonance

$Na^+ \cdot {}^-O_3S—C_6H_4—\ddot{N}(H)—N=C_6H_4=\overset{+}{N}(CH_3)_2$

Methyl orange is often used as acid-base indicator. In solutions that are more basic than pH 4.4, methyl orange exists almost entirely as the yellow negative ion. In solutions that are more acidic than pH 3.2, it is protonated to form a red dipolarion. Thus, methyl orange can be used as an indicator for titrations that have their end points in pH 3.2 to 4.4 region. The indicator is usually prepared as a 0.01% solution in water. In basic solutions, methyl orange appears orange.

Reaction Equation:

$$\left[\begin{array}{c} SO_3H \\ | \\ C_6H_4 \\ | \\ NH_2 \end{array} \rightleftharpoons \begin{array}{c} SO_3^- \\ | \\ C_6H_4 \\ | \\ NH_3^+ \end{array} \right] + NaOH \longrightarrow \begin{array}{c} SO_3Na \\ | \\ C_6H_4 \\ | \\ NH_2 \end{array} + H_2O$$

sulfanilic acid (zwitterion)　　　　sodium sulfanilate

$$\begin{array}{c} SO_3Na \\ | \\ C_6H_4 \\ | \\ NH_2 \end{array} \xrightarrow[0\sim5^\circ C]{NaNO_2,\ HCl} \left[\begin{array}{c} SO_3H \\ | \\ C_6H_4 \\ | \\ N\equiv N^+ \end{array} \right] Cl^-$$

$$\xrightarrow[HAc]{PhN(CH_3)_2} \left[HO_3S-C_6H_4-N=N-C_6H_4-N(CH_3)_2 \right]^+ Ac^-$$

acidity yellow (yellow)

$$\underset{H^+}{\overset{OH^-}{\rightleftharpoons}} NaO_3S-C_6H_4-N=N-C_6H_4-N(CH_3)_2 + NaAc + H_2O$$

methyl orange (orange)

3. Apparatus and Reaqents

Apparatus: erlenmeyer flask; Buchner funnel; filter flask; thermometer.

Reagents: sulfanilic acid; sodium carbonate; sodium nitrite; 50% hydrochloric acid; dimethylaniline; acetic acid; sodium hydroxide.

4. Experimental Procedure

(1) Diazotization of Sulfanilic Acid

In a 50 mL erlenmeyer flask dissolve, the sulfanilic acid monohydrate (2.0 g, 11.7 mmol) in 10 mL of 5% sodium carbonate solution(gentle heating if necessary). Cool the solution to room temperature and add sodium nitrite solution (5 mL, 16%) with stirring until complete dissolution. Pour the solution into a 250 mL beaker containing about 15 g ice and 5 mL 50% hydrochloric acid. The white suspension is used directly for the synthesis of methyl orange without isolation.

(2) Synthesis of Methyl Orange

Add a cooled solution of dimethylaniline (1.3 mL, 11.7 mmol) in glacial acetic acid (1 mL, 20 mmol) to the diazonium salt solution with constant stirring. Stir and mix the mixture thoroughly for 5～10 minutes and a stiff paste of red dye will be formed. Add sodium hydroxide solution (28 mL, 5%) to the mixture and heat (boil) the mixture until complete dissolution. Cool the mixture with an ice-water bath to crystallize the product. Collect the product by suction filtration and wash with saturated sodium chloride solution. Purify the product by recrystallization from water. Determine the yield of the product.

5. Experimental Date and Results

Describing the Product

Color, amounts, state and melt point.

Calculation of Yield

Yield(%) = (Experimental yield)/(Theoretical yield) × 100%

6. Discussion

(1) Briefly explain why the diazonium coupling does not occur in either strongly acidic or strongly basic media?

(2) Which part of the methyl orange molecule can behave like a bronsted base? (See acid-base indicator diagram)

(3) Why dyes are colored and how the added proton on methyl orange changes the color?

Experiments Ⅳ Synthesis of Aspirin (ASA)

1. Learning Objectives

(1) Learn the principle and method of preparing aspirin by esterification with salicylic acid and acetic anhydride through acetylation.

(2) Master the techniques of recrystallization, filter and melting point determination.

2. Introduction

Aspirin is among the most fascinating and versatile drugs known to medicine, and it is among the oldest. The first known use of an aspirin-like preparation can be traced to ancient Greece and Rome.

Aspirin is an analgesic (painkiller), an antipyretic (fever reducer), and an anti-inflammatory agent. It is the premier drug for reducing fever, a role for which it is uniquely suited. As an anti-inflammatory, it has become the most widely effective treatment for arthritis. Despite its side effects, aspirin remains the safest, cheapest and most effective nonprescription drug.

Reaction Equation:

$$\text{C}_6\text{H}_4(\text{COOH})(\text{OH}) + (\text{CH}_3\text{CO})_2\text{O} \xrightarrow{\text{H}_2\text{SO}_4} \text{C}_6\text{H}_4(\text{COOH})(\text{OCOCH}_3) + \text{CH}_3\text{COOH}$$

3. Apparatus and Reagents

Apparatus: erlenmeyer flask; Buchner funnel; beaker; vacuum filter; digital melting point apparatus.

Reagents: salicylic acid 2.0 g(14 mmol); acetic anhydride 5 mL (53 mmol);concentrated sulfuric acid; concentration hydrochloric acid; saturated aqueous sodium bicarbonate solution.

4. Experimental Procedure

(1) Place 2.0 g salicylic acid crystals and 6 mL acetic anhydride in a 100 mL Erlenmeyer flask(dried before used). Followed adding 3 drops of concentrated sulfuric acid to the mixture and stir fully. Heat gently on the hot water bath (80℃)for 10 minutes and then decant the reaction mixture to 50 mL cool water quickly and cool the mixture slightly in a cold water bath for 15 minutes until crystallization has completed.

(2) Filter with a Buchner funnel and rinse the crystals several times with small ice water. Transfer the crud products into 100 mL beaker, add 25 mL saturation sodium carbonate solution slowly with stirring few minutes until no CO_2 to release, filter with a Buchner funnel and rinse with few water for 2～3 times. After that, pour the solution into the 10 mL water solution including 4～5 mL concentration hydrochloric acid , cold with ice water until crystallization has completed. Then filter with a Buchner funnel and rinse the crystals several times with small ice water to receive pure Aspirin (ASA).

(3) Place your samples in the incubator to dry and then weight. Determine the melting point with digital melting point apparatus.

5. Key Notes

(1) All the instruments must be dry completely, the drugs also must be dried before use, the acetic anhydride used in the experiment must be newly distilled, collect the 139～140℃ fraction.

(2) The aspirin is easy to decomposition when heating, and the decomposition temperature is 126～135℃. Therefore we should not heat for a long time when recrystallization, control the water temperature, and take out the product to dry spontaneously.

6. Discussion

(1) When we prepare aspirin, the instruments must be dry completely, why?

(2) What is the purpose of the concentrated H_2SO_4 used in the acetylation reaction? Which substance may be used instead of H_2SO_4?

(3) What side reaction will occur in this experiment?

(4) Would you feel comfortable taking the ASA you made in this lab? Why or why not?

Experiment Ⅴ Synthesis of Cinnamic Acid

1. Learning Objectives

(1) Learn the theory and method of preparation of cinnamic acid through the perkin reaction.

(2) Learn the techniques and experimental operation of reflux and steam distillation.

2. Principle

$$C_6H_5-CHO + (CH_3CO)_2O \xrightarrow[160\sim170^\circ C]{CH_3COOK} C_6H_5-CH=CHCOOH + CH_3COOH$$

3. Apparatus and Reagents

Apparatus: three-necked round-bottom flask; thermometer; air-condenser; Buchner funnel; vacuum filter; digital melting point apparatus; water steam distillation equipment.

Reagents: benzaldehyde (3 mL, 0.03 mol); acetic anhydride (5.4 mL, 0.05 mol); antive carbon; concentrated hydrochloric acid.

4. Experimental Procedure

(1) Place 3 mL of benzaldehyde (freshly distilled to ensure absence of benzoic acid), 5.4 mL of acetic anhydride, and 3 g of finely powered anhydrous potassium ace-

tate in a 100 mL three-necked round-bottom flask fitted with an air-condenser closed at the top by means of a calcium chloride tube. Then heat the flask at 175～180℃ for an hour, the mixture boils vigorously under reflux and white particles separate in the liquid. Pour the mixture whilst still hot into 50 mL of water contained in a round-bottom flask which has previously been fitted for steam distillation.

(2) Add a little solid sodium carbonate until the solution was slightly alkaline.

(3) Steam-distill the solution until unchanged benzaldehyde has been removed and the distillate is no longer turbid.

(4) After cooling, add 1 g of active carbon to the residual solution, heat the solution at 100℃ for 5 minutes, and then filter while it is hot.

(5) Acidify the clear filtrate by adding concentrated hydrochloric acid cautiously with vigorous stirring until the evolution of carbon dioxide ceases and the precipitation of cinnamic acid is complete. Cooling and filtration, then wash thoroughly with water and drain.

(6) Recrystallize from a mixture of 3 volumes of water and 1 volume of ethanol. Cinnamic acid is thus obtained as colourless crystals, m.p. 133℃.

5. Key Notes

(1) All apparatus and raw materials of Perkin's reaction must be dry.

(2) We may use anhydrous potassium carbonate and anhydrous potassium acetate as the condensing agent, but cannot use the sodium carbonate.

(3) On backflow, the intensity of heating may not be too strong.

(4) Make sure to take down the flask when operate the decolorization, begin to heat up the activated charcoal after it slightly cold down.

(5) Make sure the hot filtration to be true hot filtration, and the Buchner funnel was preheated in the boiling water, this step must be quickly.

(6) Slowly add the thick hydrochloric acid when acidification, avoiding the product runs out the beaker to cause the product losses.

(7) Do not use too much water to wash the product.

6. Discussion

(1) Why the acetic anhydride and the benzaldehyde have to be distilled before the experiment?

(2) Whether can we use the sodium hydroxide to replace the sodium carbonate to neutralize the reactive mixture? Why?

(3) What material could be removed by steam distillation?

附录 2　常用有机溶剂物理性质表

名称	分子式	结构式	分子量	物理形态/毒性	熔点/℃	沸点/℃	折光率	密度	溶解度
甲醇	CH_4O	CH_3OH	32.04	无色液体/有毒,神经视力损害	−97.7	64.7	1.3284^{20}	0.7913_4^{20}	misc aq, alc, eth, chl
乙醇	C_2H_6O	CH_3CH_2OH	46.07	无色液体/微毒,麻醉	−117.3	78.5	1.3611^{20}	0.7894_4^{20}	misc aq, alc, eth, chl
乙醚	$C_4H_{10}O_2$	$(CH_3CH_2)_2O$	74.12	无色液体/麻醉	−116.3	34.6	1.3527^{20}	0.7134_4^{20}	6 aq(100); misc alc, eth, chl
丙酮	C_3H_6O	$CH_3C(=O)CH_3$	58.08	无色液体/微毒,麻醉	−95.35	56.2	1.3591^{20}	0.7908_4^{20}	misc aq, alc, chl, DMF
乙酸	$C_2H_4O_2$	CH_3COOH	60.05	无色液体/低毒,刺激	16.7	117.9	1.3718^{20}	1.0492_4^{20}	misc aq, alc, eth, CCl_4
乙酸酐	$C_4H_6O_2$	$CH_3C(=O)OC(=O)CH_3$	102.09	无色液体/低毒,刺激	−73.1	140.0	1.3904^{20}	1.0820_4^{20}	s eth, chl; slowly s aq
二氧六环	$C_4H_8O_2$	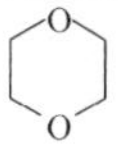	88.11	无色液体	11.8	101.2	1.4224^{20}	1.0329_4^{20}	misc aq, alc, eth, chl, bz, PE
苯	C_6H_6		78.12	无色液体/中毒;神经,造血损害	5.5	80.1	1.5011^{20}	0.8787_4^{20}	0.17 aq; misc most org solv
甲苯	C_7H_8	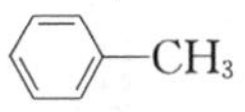 $-CH_3$	92.14	无色液体/剧毒;刺激;神经损害	−94.9	110.6	1.4960^{20}	0.8660_4^{20}	misc alc, eth, chl; 0.067 aq
氯仿	$CHCl_3$	$CHCl_3$	119.39	无色液体/强麻醉,易转变为光气	−63.6	61.1	1.4459^{20}	1.4832_4^{20}	0.50 aq; misc alc, eth, bz, PE, CCl_4
二氯甲烷	CH_2Cl_2	CH_2Cl_2	84.93	无色液体/中毒,麻醉	−95	40	1.4246^{20}	1.3265_4^{20}	1.3 aq; misc alc, eth

续表

名称	分子式	结构式	分子量	物理形态/毒性	熔点/℃	沸点/℃	折光率	密度	溶解度
四氯化碳	CCl_4	CCl_4	153.82	无色液体/中毒;心,肝,肾损害	−22.99	76,54	1.4607^{20}	1.5940^{20}_{4}	0.05 aq; misc alc, eth, bz, PE, CS_2, chl
正丁醇	$C_4H_{10}O$	$C_3H_7CH_2OH$	74.12	无色液体/低毒;麻醉	−89.5	117.7	1.3993^{20}	0.8097^{20}_{4}	7.4 aq; misc alc, eth
乙酸乙酯	$C_4H_8O_2$	$CH_3COOC_2H_5$ (O=C)	88.11	无色液体/低毒,麻醉	−83.58	77.06	1.3723^{20}	0.9003^{20}_{4}	9.7 aq; misc alc, acet, chl, eth
四氢呋喃	C_4H_8O	(环状结构)	72.11	无色液体/麻醉,肝肾损害	−108.5	65	1.4050^{20}	0.8892^{20}_{4}	misc aq, alc, eth, PE
二甲亚砜	C_2H_6OS	(S=O 结构)	78.13	无色液体/微毒类	18.5	189.0	1.4170^{20}	1.101^{20}_{4}	s alc, acet, bz, chl
乙腈	C_2H_3N	CH_3CN	41.05	无色液体/中毒,刺激	−44	81.6	1.3460^{15}	0.7875^{15}_{4}	misc aq, acet, alc, chl, eth, EtOAc
吡啶	C_5H_5N	(吡啶环)	79.10	无色液体/麻醉,刺激,肝肾损害	−41.6	115.2	1.5067^{25}	0.9827^{25}_{4}	misc aq, alc, eth
石油醚	戊烷+正己烷			无色液体/低毒		30～120		0.63—0.66	misc bz, eth, chl, CCl_4
异丙醇	C_3H_8O	$(CH_3)_2CHOH$	60.10	无色液体/微毒,刺激,视力损害	−89.5	82.4	1.3772^{20}	0.7855^{20}_{4}	misc aq, alc, chl, eth
硝基苯	$C_6H_5NO_2$	(苯环)—NO_2	123.11	无色液体/中毒性	5.8	210.8	1.5546^{15}	1.205^{15}_{4}	s alc, bz, eth
N,N-二甲基甲酰胺	C_3H_7NO	$HC(=O)—N(CH_3)_2$	73.10	无色液体/低毒,刺激	−60.4	153.0	0.9445^{25}_{4}	1.4305^{20}	misc aq, alc, bz, eth

注:misc-soluble in all proportions(miscible):可混溶的;aq-aqueous, water:水;alc-alcohol (ethanol usually):乙醇;bz-benzene:苯;eth-diethyl ether:二乙醚;chl-chloroform:氯仿;acet-acetone:丙酮;PE-petroleum ether:石油醚;s-soluble:可溶的。

附录 3　常用有机溶剂极性表

化合物名称	极性	化合物名称	极性	化合物名称	极性
异戊烷	0	三氟乙酸	0.1	氯苯	2.7
正戊烷	0	环戊烷	0.2	邻二氯苯	2.7
石油醚	0.01	庚烷	0.2	乙醚	2.9
己烷	0.06	四氯化碳	1.6	苯	3.0
环己烷	0.1	甲苯	2.4	异丁醇	3.0
异辛烷	0.1	对二甲苯	2.5	二氯甲烷	3.4
正丁醇	3.7	二氧六环	4.8	苯胺	6.3
丙醇	4.0	吡啶	5.3	二甲基甲酰胺	6.4
四氢呋喃	4.2	丙酮	5.4	甲醇	6.6
乙酸乙酯	4.3	硝基甲烷	6.0	乙二醇	6.9
异丙醇	4.3	乙酸	6.2	二甲基亚砜	7.2
氯仿	4.4	乙腈	6.2	水	10.2

附录 4　常见有机溶剂间的共沸混合物

共沸混合物	组分的沸点/℃	共沸物的组成(质量)/%	共沸物的沸点/℃
乙醇-乙酸乙酯	78.3，78.0	30∶70	72.0
乙醇-苯	78.3，80.6	32∶68	68.2
乙醇-氯仿	78.3，61.2	7∶93	59.4
乙醇-四氯化碳	78.3，77.0	16∶84	64.9
乙酸乙酯-四氯化碳	78.0，77.0	43∶57	75.0
甲醇-四氯化碳	64.7，77.0	21∶79	55.7
甲醇-苯	64.7，80.4	39∶61	48.3
氯仿-丙酮	61.2，56.4	80∶20	64.7
甲苯-乙酸	101.5，118.5	72∶28	105.4
乙醇-苯-水	78.3，80.6，100	19∶74∶7	64.9

附录5　实验室常用的酸、碱

名称	密度(20℃)/(g/mL)	浓度/(mol/L)	质量分数
浓硫酸	1.84	18.0	0.960
浓盐酸	1.19	12.1	0.372
浓硝酸	1.42	15.9	0.704
磷　酸	1.70	14.8	0.855
冰醋酸	1.05	17.45	0.998
浓氨水	0.90	14.53	0.566
浓氢氧化钠	1.54	19.4	0.505

附录6　一些溶剂与水形成的二元共沸物

溶剂	沸点/℃	共沸点/℃	含水量/%	溶剂	沸点/℃	共沸点/℃	含水量/%
氯仿	61.2	56.1	2.5	甲酸	101	107	26
四氯化碳	77.0	66.0	4.0	甲苯	110.5	85.0	20
苯	80.4	69.2	8.8	正丙醇	97.2	87.7	28.8
丙烯腈	78.0	70.0	13.0	异丁醇	108.4	89.9	88.2
二氯乙烷	83.7	72.0	19.5	正丁醇	117.7	92.2	37.5
乙睛	82.0	76.0	16.0	吡啶	115.5	94.0	42
乙醇	78.3	78.1	4.4	异戊醇	131.0	95.1	49.6
乙酸乙酯	77.1	70.4	8.0	正戊醇	138.3	95.4	44.7
异丙醇	82.4	80.4	12.1	氯乙醇	129.0	97.8	59.0
乙醚	35	34	1.0	二硫化碳	46	44	2.0

参 考 文 献

[1] 兰州大学.有机化学实验.3版.北京:高等教育出版社,2010.
[2] 曾昭琼.有机化学实验.3版.北京:高等教育出版社,2000.
[3] 兰州大学,复旦大学.有机化学实验.2版.北京:高等教育出版社,1994.
[4] 高职高专化学教材编写组.有机化学实验.2版.北京:高等教育出版社,2004.
[5] 林敏.小量-半微量-微量有机化学实验.北京:高等教育出版社,2010.
[6] 高占先.有机化学实验.4版.北京:高等教育出版社,2004.
[7] 周科衍.有机化学实验教学指导.北京:高等教育出版社,2003.
[8] 赵建庄.有机化学实验.2版.北京:高等教育出版社,2003.
[9] 黄涛.有机化学实验.2版.北京:高等教育出版社,1987.
[10] 高桂枝.有机合成化学及实验.北京:科学出版社,2014.
[11] 陈彪.有机化学实验:英汉双语教材.北京:化学工业出版社,2013.
[12] 冯文芳.有机化学实验:Experimental Organic Chemistry.武汉:华中科技大学出版社,2014.
[13] (德)施韦特利克.有机合成实验室手册(原著第22版).万均,译.北京:化学工业出版社,2010.
[14] 汪秋安.有机化学实验室技术手册.北京:化学工业出版社,2012.
[15] (美)戈克尔.有机化学手册(原著第2版).张书圣,译.北京:化学工业出版社,2006.
[16] 乐长高.有机化学.上海:华东理工大学出版社,2012.
[17] 北京大学.有机化学实验.2版.北京:北京大学出版社,2002.
[18] 陈东红.有机化学实验.上海:华东理工大学出版社,2009.
[19] 乐长高.离子液体的合成及其在有机合成中的应用.北京:科学普及出版社,2010.